U0310268

21 世纪高等院校计算机辅助设计规划教材

Pro/Engineer 实用教程

徐文胜　主编

吴　勤　马　骏　编著

机械工业出版社

本书包括两大部分，涵盖 Pro/Engineer 的基础知识和上机实训。基础知识部分包括常用的草绘、零件建模、组件、工程图创建等，通过对软件和实例的介绍和演示，一步一步地引导，使读者可以尽快掌握常用的基本技能。上机实训部分则对基础知识的应用进行综合练习，通过由浅入深，逐步全面的功能应用，达到熟练和灵活使用软件进行设计的目的。

本书内容精心编排，由浅入深、由简单到复杂，循序渐进。读者可以通过相应示例的练习掌握该软件的基础应用。本书还配有教学光盘，内含教学视频文件和练习文件。

本书可以作为高校本、专科的国家统编教材，也可供广大软件爱好者自学和参考。

图书在版编目（CIP）数据

Pro/Engineer 实用教程 / 徐文胜主编. —北京：机械工业出版社，2013.4
（2018.9 重印）
ISBN 978-7-111-41989-1

Ⅰ. ①P… Ⅱ. ①徐… Ⅲ. ①机械设计－计算机辅助设计－应用软件－教材
Ⅳ. ①TH122

中国版本图书馆 CIP 数据核字（2013）第 062396 号

机械工业出版社（北京市百万庄大街 22 号　邮政编码 100037）
责任编辑：张宝珠
责任印制：李　昂
中国农业出版社印刷厂印刷
2018 年 9 月第 1 版·第 4 次印刷
184mm×260mm·15.5 印张·379 千字
6301－7300 册
标准书号：ISBN 978-7-111-41989-1
　　　　　ISBN 987-7-89433-993-5（光盘）
定价：39.00 元（含 1CD）

前　言

当前产品设计的思路，已经由二维制图变为三维设计。通过三维设计，可以顺利进行产品的结构组装，并在电子样机中进行干涉检查，同时进行机构分析、优化设计，并可以生成二维工程图。掌握三维设计软件，是从事工程设计的技术人员必不可少的基本技能。

在当前主流的三维软件领域中，Pro/Engineer（简称 Pro/E）占有着重要地位，其核心设计思想是基于特征、单一数据库、全尺寸相关、参数化造型原理。利用 Pro/E 可完成零件设计、产品装配、数控加工、钣金件设计、模具设计、机构分析、结构分析、产品数据管理（PDM）等。本书作者在总结了二维绘图、三维建模软件的多年教学经验的基础上编写了本书。

本书以 Pro/E 5.0 版本为对象，重点介绍 Pro/E 零件设计方法和技巧，包含了基础知识和上机实训两部分。基础知识部分主要包括 Pro/E 5.0 的简介、草绘、零件建模、组件、工程图。通过草绘命令的详细介绍，读者可以快速掌握常用的草图绘制、编辑、尺寸标注、尺寸修改、调色板应用、镜像、提取边、约束的使用等基本技能。零件建模则通过对特征的生成方式，如拉伸、旋转、孔工具、圆角、倒角、镜像、阵列、基准轴、基准面等的综合使用，创建各种三维模型。组件部分则介绍了通过零件的插入，组装成符合要求的装配体。工程图部分，则详细介绍了由三维模型产生二维工程图的方法，包括视图、剖视、全剖、局部剖、半剖、旋转剖、组合剖、断面图、向视图等，以及工程图中需要的尺寸公差，形位公差，表面精度，技术要求、表、注释等。实训部分则在基础知识的基础上，通过实例练习，使读者熟练掌握基本技能，同时通过更加复杂和综合的实例，对 Pro/E 5.0 的高级功能进行介绍。

本书由南京师范大学徐文胜主编，参加编写的还有马骏、吴勤。

本书还配有教学光盘，内含教学视频文件和练习文件。

因作者水平有限，本书难免有疏漏之处，请广大师生、读者多多指教。

编　者

目　录

第二部分　上 机 实 训

第一部分 基础知识

第1章 Pro/Engineer 简介

Pro/Engineer（简写为 Pro/E）野火版是美国参数技术公司（Parametric Technology Corporation，PTC）推出的融合了智能与协作的应用产品，在可用性、易用性和联通性上做了很大的改变，能够让用户在较短的时间内，以较低的成本开发产品，快速响应市场。

在目前的三维软件领域中，Pro/E 占有着重要地位，其核心设计思想是基于特征、单一数据库、全尺寸相关、参数化造型原理。利用 Pro/E 可完成零件设计、产品装配、数控加工、钣金件设计、模具设计、机构分析、结构分析、产品数据管理（PDM）等。本书以 Pro/E5.0 版本为对象，重点介绍 Pro/E 零件设计方法和技巧。本章将介绍 Pro/E 的界面及相关设置，使读者熟悉其操作环境。

1.1 Pro/Engineer 用户操作界面及定制

1.1.1 用户界面

Pro/E 5.0 用户界面是设计人员和计算机实现信息交互的窗口。Pro/E 5.0 野火版的许多常用命令以图标按钮的形式布置在窗口周围，使窗口更加人性化，也使初学者更加容易熟悉 Pro/E 5.0 的操作。

启动 Pro/E 5.0 后，系统打开如图 1-1 所示的用户操作界面。这种交互式的用户操作界面

图 1-1 用户操作界面

主要由标题栏、菜单栏、工具栏、导航栏、浏览器、图形显示区、特征工具栏等组成，主窗口的左侧是部分文件夹及默认的工作目录，右侧是自动连接到参数公司的网页浏览器，若选取文件夹或工作目录，则网页会自动转换成信息区，显示出文件夹或工作目录内的文件。（注意：Pro/E 5.0 的默认工作目录可以在 Windows XP 或 Vista 或 Windows 7 下，单击 Pro/E 的快捷方式后按鼠标右键，然后以鼠标左键选"属性"，在"起始位置"的栏框设置）

当创建新零件或打开已有零件时，画面显示如图 1-2 所示 Pro/E 5.0 的操作界面，Pro/E 5.0 的操作界面与以往的版本比较稍有改变，命令提示区和选择过滤区都在零件显示区的上方。

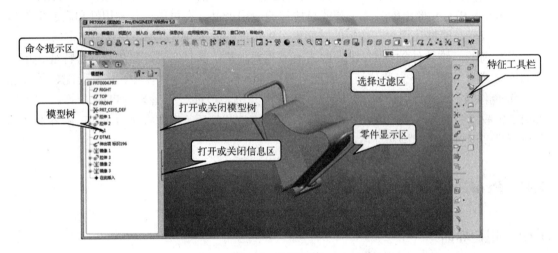

图 1-2　操作界面

1.1.2　菜单

图 1-2 所示 Pro/E 5.0 的操作界面上的下拉式菜单，它位于界面的最上方，主要有这几个类型的命令：文件、编辑、视图、插入、分析、信息、应用程序、工具、窗口、帮助等，这些菜单项目会随着所打开或新建文件类型的不同而有不同的显示。让用户在进行设计时能控制 Pro/E 的整体设计环境。

图 1-3 所示为"新建"对话框，当选择新建类型为草绘、零件、组件、标记时，显示为：文件、编辑、视图、插入、分析、信息、应用程序、工具、窗口、帮助等 10 个类型的菜单项目；当选择新建类型为绘图、格式时，菜单栏移至工具栏的右侧，显示为：文件、编辑、视图、分析、信息、应用程序、工具、窗口、帮助等 9 个类型的菜单项目；当选择新建类型为制造时，显示有 12 个类型的菜单，多了 steps 和 Resources 两个菜单项目；当选择新建类型为图表、报表、布局时则显示 13 个菜单项目，分别为文件、编辑、视图、插入、草绘、表、格式、分析、信息、应用程序、工具、窗口、帮助等。

菜单命令一般通过鼠标单击菜单项打开和执行，也可以通过菜单中〈Alt+字母〉或通过快捷键打开菜单项。

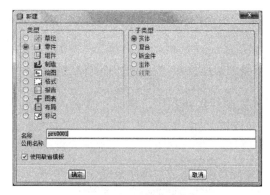

图1-3 "新建"对话框

1.1.3 工具栏

位于菜单栏下方是常用工具栏，处于窗口右侧的是特征工具栏，如图1-2所示。工具栏中提供了命令直观的图标，可以快速执行命令操作。工具栏中集中了文件管理、视图显示、模型显示、基准显示、特征工具等常用功能的图标按钮。用户如果对某个图标按钮不太熟悉，可以将鼠标置于该图标按钮上停留片刻，系统便会在鼠标下方自动显示出该图标按钮的相关功能信息。

1.1.4 定制界面

为了用户操作界面的干净、简明，用户还可以根据自己的喜好和需要，定制调整出符合自己需要的按钮。选择"工具"→"定制屏幕"命令，弹出如图1-4所示的"定制"对话框，用户可以利用对话框中的选项卡定制操作界面。

图1-4 "定制"对话框

下面重点介绍"定制"对话框中各个选项卡的功能。

1. "工具栏"选项卡

"工具栏"选项卡用于控制工具栏界面上的工具是否显示及在界面上的显示位置。如图1-4

所示，在该工具栏选项卡中，勾选工具栏前的复选框，在用户界面上将显示该工具栏；取消复选框的勾选，则在用户界面上不显示该工具栏。单击右侧的下拉列表框，可设置工具栏在界面上的显示位置（顶/左/右）。

2. "命令"选项卡

"命令"选项卡用于设置图标按钮在用户界面上的显示情况，在该选项卡的"命令"列表框中选择某个图标按钮并按住鼠标左键不放，然后将其拖动到工具栏中松开鼠标，即可将该命令图标按钮添加到工具栏中，图 1-5 所示为添加插入自动倒圆角命令。用户也可以执行相反的操作，将图标按钮从工具栏中移除。

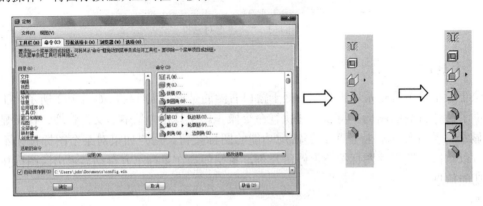

图 1-5　添加插入自动倒圆角命令

3. "导航选项卡"选项卡

"导航选项卡"用于设置导航器在用户界面中的显示位置、显示宽度等属性，还可以设置模型树相对于导航器的位置，如图 1-6 所示。

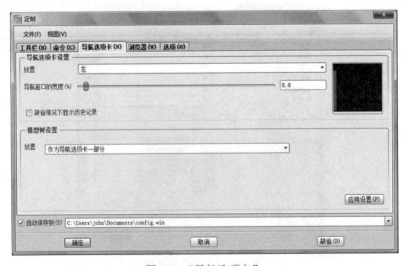

图 1-6　"导航选项卡"

单击"导航选项卡设置"选项组中的"放置"下拉列表框，在其中选择"左"或"右"选项，可设置导航器在用户界面上放置的位置，拖动"导航窗口的宽度"滑块可以设置导航器的宽度。

单击"模型树设置"选项组中的"放置"下拉列表框,在其中可以选择"作为导航选项卡一部分"、"图形区上方"或"图形区下方"选项,用来设置模型树在用户界面上的放置位置。

4."浏览器"选项卡

"浏览器"选项卡用于设置浏览器的显示状态和显示宽度,如图 1-7 所示。拖动"窗口宽度"滑块可以设置浏览器的宽度;勾选"在打开或关闭时进行动画演示"复选框,则系统在打开或关闭浏览器时,将使用动画演示。

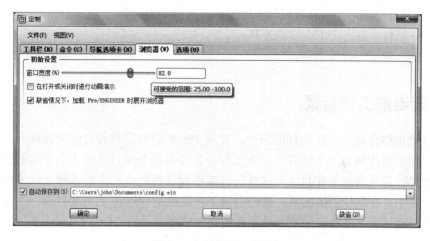

图 1-7 "浏览器"选项卡

5."选项"选项卡

"选项"选项卡用于设置活动窗口的显示状态以及图标按钮在菜单中的显示状态,如图 1-8 所示。其中"次窗口"选项组用于设置活动窗口(对话框或菜单)的显示状态,包括"以缺省尺寸打开"和"以最大化打开"两种方式。"菜单显示"选项组用于设置菜单中的各个命令选项是否都以图标形式显示。

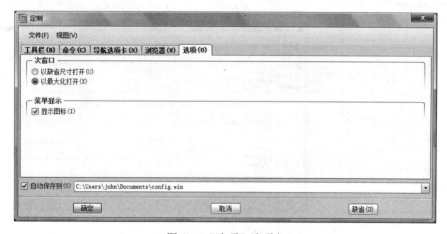

图 1-8 "选项"选项卡

1.1.5 鼠标使用方法

在使用 Pro/E 时,鼠标是必备的工具。一般要求是三键鼠标,如果不是三键鼠标,是带滚轮的二键鼠标,则其滚轮相当于中键,Pro/E 已不再支持单纯的二键鼠标。在 Pro/E 中鼠标的功能如下。

鼠标左键:单击为拾取对象或拾取坐标点。

鼠标中键(滚轮):按住并移动为旋转模型。转动为缩放,向上转为缩小,向下转为放大。光标所在位置自动设置为缩放中心,可以利用该功能控制在屏幕上显示的位置和大小。在建模或装配等模块中,按中键相当于执行操控板上的 ✅。

〈Ctrl〉+鼠标中键:上下移动鼠标为缩放,左右移动为旋转。

〈Shift〉+鼠标中键:上下、左右平移。

鼠标右键:弹出快捷键菜单。

1.2 设置当前工作目录

工作目录是指存取 Pro/E 文件的路径。使用 Pro/E 进行零件设计时应养成一个良好的习惯,即将零件的设计视为一个项目或一个工程,先要为这个项目建立一个专用的文件夹,然后将该文件夹设置为当前工作目录。这样,在零件设计过程中产生的各种文件将会被一并保存到该文件夹中。在默认的情况下,系统当前工作目录是 Pro/E 的启动目录。在实际设计过程中,用户可通过以下几种方法重新设置系统当前工作目录。

1.2.1 通过"文件"菜单设置

启动 Pro/E 后,选择"文件"→"设置工作目录"命令,弹出"选取工作目录"对话框。在对话框中选择所需的工作路径,或是在所选路径下新建一个工作目录,右击对话框中间空白处,弹出如图 1-9 所示的"新建文件夹",输入文件名称,单击"确定"按钮完成工作目录的设置。

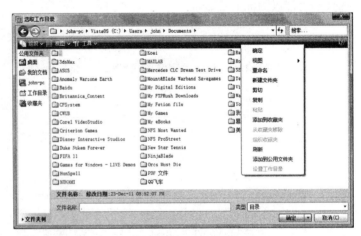

图 1-9 通过"文件"菜单设置系统当前工作目录

1.2.2 通过文件夹导航器设置

启动 Pro/E 后,在导航器中单击"文件夹浏览器"按钮,单击工作目录,在其中新建文件夹或直接用已建好的文件夹即可。

1.2.3　通过系统启动目录设置

在桌面上右击 Pro/E 快捷图标，在弹出的快捷菜单中选择"属性"命令，弹出"属性"对话框，如图 1-10 所示。单击对话框中的"快捷方式"选项卡，在"起始位置"文本框中输入工作目录的路径，然后单击对话框中的"确定"按钮。重新启动 Pro/E 后，系统会自动将启动目录作为当前目录。

若用户未在桌面上创建 Pro/E 快捷方式，可依次选择"开始"→"所有程序"→"Pro ENGINEER Wildfire5.0"→"Pro ENGINEER Wildfire5.0 中文版"，右击"Pro ENGINEER Wildfire5.0 中文版"命令，在弹出的快捷菜单中选择"属性"命令，弹出 "属性"对话框再进行设置。

图 1-10　"属性"对话框

1.3　设置系统配置文件

配置文件也叫映射文件，是 Pro/E 系统的一大特色，Pro/E 系统的所有设置，都是通过配置文件来完成的，熟练掌握配置文件的使用可以提高零件设计效率，避免重复修改环境，有利于标准化、团队合作，也是从初学到进阶提高阶段的必经之路。

在 Pro/E 中，配置文件有很多种类型，其中系统配置文件 config.pro 是最常用的一种，它直接影响整个 Pro/E 系统的配置，如系统的颜色、界面、单位、尺寸公差、显示、尺寸精度等。通常 config.pro 配置文件位于 Pro/E 的起始目录（Pro/E 默认的工作目录）之下，在每次启动 Pro/E 时，都会被读取，并调用其中的设定。

选择"工具"→"选项"命令，弹出如图 1-11 所示的"选项"对话框，在该对话框中可对配置文件进行设定。

在"选项"对话框中取消勾选"仅显示从文件加载的选项"复选框，此时系统所有的配置选项将在选项显示区中显示出来。单击左侧栏中的某一配置选项，在下方的"选项"文本框和"值"下拉列表中会显示该配置选项的名称和值。单击"值"后的下拉按钮，可查看配置选项的值。例如需将 Pro/E 系统的单位 pro_unit_sys 设置为公制单位：毫米、牛顿、秒，则在左侧列表栏中选择 pro_unit_sys 选项，在下方的"选项"文本框和"值"下拉列表中会显示该配置选项的名称和值。单击"值"右侧的下拉按钮，可查看该配置选项的值有 7 个，在其中选择 mmns 即可。（注：系统配置文件 config.pro 可以放在 Pro/E 启动目录下，也可以放在 Pro/E 安装目录的 text 目录下，为使 Pro/E 能顺利调用 config.pro，建议用户将 config.pro 放在启动目录下，不要放在 Pro/E 安装目录的 text 目录下，以免造成管理混乱。

图 1-11 "选项"对话框

1.4 零件设计的思路和步骤

Pro/E 是一款基于特征操作的软件，因此在零件设计前，应对零件的总体结构进行分析，了解该零件由哪些特征组成，如拉伸特征、旋转特征、扫描特征、混合特征、孔特征、肋特征、倒圆角特征等，以及各特征之间的构建顺序。根据分析结果，在 Pro/E 中使用特征命令按照构建顺序将特征逐一创建出来，在创建过程中使用特征编辑命令对已创建的特征进行编辑操作，如复制、阵列、镜像等。

在进行零件设计时，Pro/E 软件可以有多种途径建立零件模型，如图 1-12，创建一个阶梯轴，尽管可以用不同的方法都能完成模型的创建，但存在着方法优与劣的问题。左边的方法采用了一个旋转命令创建模型的主体结构，右边的方法采用了 4 个拉伸创建了模型的主体结构。如何用最优的方法快速而又简便地将模型创建出来，这就涉及一个模型创建的思路和技巧问题。

图 1-12 采用不同方法创建的模型

设计零件的注意事项如下所述。

1）按照标准设置好工作环境，尤其是常用的参数配置文件在设置好后保存起来，供以后直接使用，避免重复修改。

2）使用 Pro/E 进行零件设计时要养成一个良好的习惯，即将零件设计视为一个项目或一个工程，首先要为这个项目建立一个专用的文件夹，然后将该文件夹设置为当前工作目录。这样零件在设计过程中产生的各种文件将会一并保存到该文件夹中，有利于文件的管理。

3）在设计零件之前应对零件结构进行分析，该零件可以用哪些特征来完成？大部分结构可以用不同的特征来完成，应选择一个最简洁快捷的方法。特征建立顺序是什么？特别是复杂的零件，更要考虑先做什么结构后做什么结构？用什么方法做？做到心中有数。这对后面的结构完成很重要，如有相同结构可以用特征编辑中的复制、阵列、镜像等操作命令，这样才能起到事半功倍的作用。

4）一般先实体，后孔。先主体，后细节。

5）在零件设计过程中注意随时保存，以防失误操作或停电引起文件丢失。

第 2 章　Pro/Engineer 零件设计

2.1　特征简介

　　Pro/E 三维零件是由不同的几何特征组合而成的，常用的几何特征包括：实体特征、曲面特征、曲线特征及基准特征。其中实体特征和曲面特征是 Pro/E 零件设计的核心内容，实体和曲面特征又可分为基本特征和工程特征两大类型。

- **基本特征**。它包括拉伸、旋转、扫描、混合、扫描混合、螺旋扫描等形式。此类特征主要是由用户绘制出特征的二维截面，然后对此截面进行"基本"的几何操作，如拉伸、旋转、扫描、混合等，以完成实体或曲面的创建。
- **工程特征**。它包括孔、壳、肋、拔模、倒圆角、倒角等形式。此类特征主要是由用户给定特征的"工程"资料，如圆孔直径、圆角半径、薄壳厚度等，以创建出特征的三维结构。

　　图 2-1 所示为常用特征的菜单命令位置和部分命令的工具栏按钮，下面就这些常用的几何特征的创建方法加以介绍。

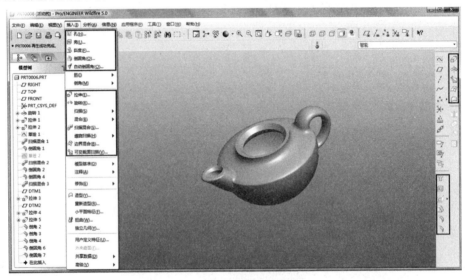

图 2-1　Pro/E5.0 常用特征命令

2.2　常用特征

2.2.1　草图绘制

　　Pro/E 零件设计中的大部分零件的创建都是基于基本特征的拉伸、旋转、扫描、混合等，因此大部分零件的创建都是离不开二维几何图形的绘制，在 Pro/E 设计中，二维图形的绘制称为草图绘制，简称草绘，草绘贯穿于零件设计的整个过程中。

1．草绘界面

在 Pro/E 中，二维几何图形的绘制主要在草绘工作界面中完成。因此，在绘制二维几何图形前，必须了解草绘的工作界面。

首先启动 Pro/E5.0 后，单击工具栏中的"新建"按钮，或选择"文件"→"新建"命令，打开如图 2-2 所示的"新建"对话框。再在对话框的"类型"选项中，选择"草绘"单选按钮，并在"名称"文本框中输入草绘文件的名称（也可采用系统默认的文件名 s2d000#，一般名称不能用中文，可用英文和数字及部分符号）。单击对话框中的"确定"按钮，即可进入如图 2-3 所示的草绘工作界面。

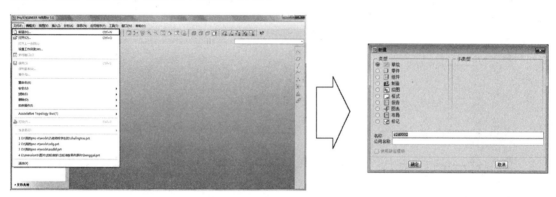

图 2-2　打开"新建 "对话框

图 2-3　草绘工作界面

2．绘制与编辑基本图元

图 2-4 为二维草绘的工具栏按钮图标，各个图标的功能如下。

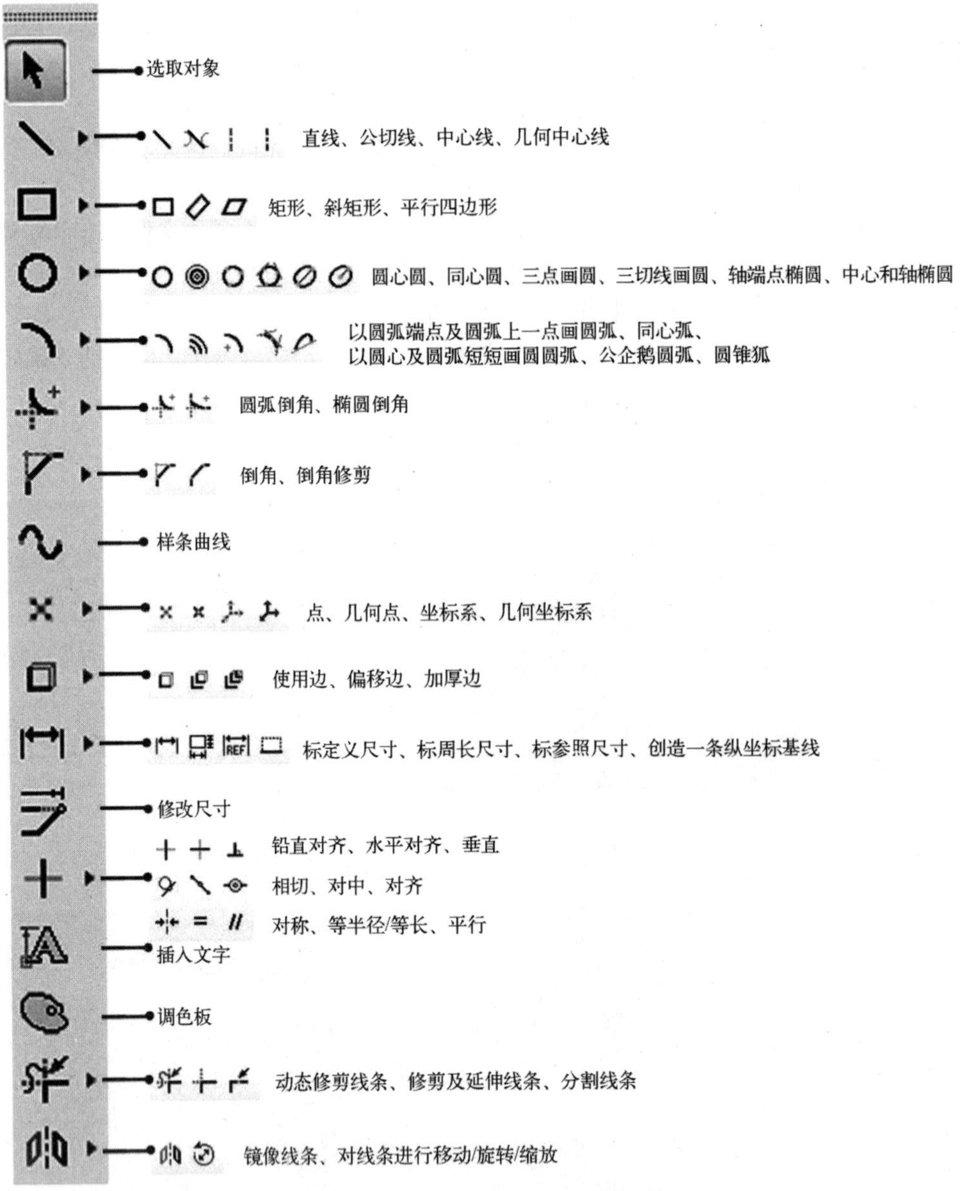

图 2-4 二维草绘的工具栏按钮图标

选取对象

直线、公切线、中心线、几何中心线

矩形、斜矩形、平行四边形

圆心圆、同心圆、三点画圆、三切线画圆、轴端点椭圆、中心和轴椭圆

以圆弧端点及圆弧上一点画圆弧、同心弧、以圆心及圆弧短短画圆圆弧、公企鹅圆弧、圆锥狐

圆弧倒角、椭圆倒角

倒角、倒角修剪

样条曲线

点、几何点、坐标系、几何坐标系

使用边、偏移边、加厚边

标定义尺寸、标周长尺寸、标参照尺寸、创造一条纵坐标基线

修改尺寸

铅直对齐、水平对齐、垂直

相切、对中、对齐

对称、等半径/等长、平行

插入文字

调色板

动态修剪线条、修剪及延伸线条、分割线条

镜像线条、对线条进行移动/旋转/缩放

　　　：画直线。单击该按钮后，在草绘区域中的某一位置单击，此位置即为直线的起点，随着鼠标的移动，一条高亮的直线也随之变化；拖动鼠标直至终点，然后单击，即可产生一条直线，可以连续绘制直线，按鼠标滚轮终止直线的绘制。系统会自动标注与直线相关的尺寸。如图 2-5 所示。单击"选择对象"　　按钮，单击所画直线后，按键盘上的〈Delete〉键，即可删除不要的线条。

　　　：画公切线。单击该按钮后，点选两个圆或圆弧，即可产生与圆或弧相切的公切线，如图 2-6 所示。所绘制公切线为最靠近拾取点的切线。

　　　：画中心线。单击该按钮后，用鼠标左键点选两个点，即可产生一条中心线，如果是水平中心线，则在中心线一侧出现 H 字样，如果是垂直中心线则在中心线一侧出现 V 字样。

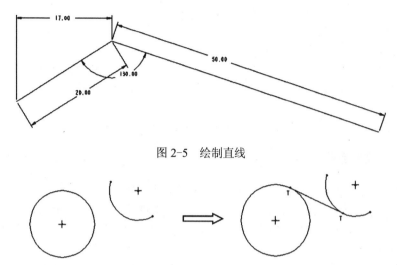

图 2-5　绘制直线

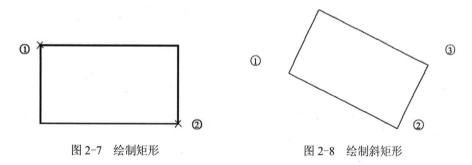

图 2-6　画公切线

：画几何中心线。几何中心线主要用于旋转时的截面草绘，生成三维体后会自动成为三维轴。使用方法同中心线。

：画矩形。单击该按钮后，在草绘区域中的某一位置单击，此位置即为矩形的一个角的端点，然后移动鼠标产生一个动态矩形，将矩形拖动到适当大小后单击鼠标，确定矩形的另一个端点，从而绘制出一个矩形。系统会自动标注与矩形相关的尺寸和约束条件。单击鼠标中键，结束矩形的绘制，如图 2-7 所示。

：斜矩形。单击该按钮后，先确定两点生成一条任意长度和倾斜度的线段来作为斜矩形的长，再由第二点出发在生成的线段的垂线上单击第三点确定矩形的宽从而生成斜矩形。如图 2-8 所示。

图 2-7　绘制矩形　　　　　　　　　　　图 2-8　绘制斜矩形

：平行四边形。单击该按钮后，先确定两点生成一条任意长度和倾斜度的线段作为平行四边形的一条边，然后以第二点为端点在草绘区域中确定一点形成相邻的一条边，即可由画出的两条相邻边生成平行四边形，如图 2-9 所示。

：以圆心及圆周上一点画圆。单击该按钮后，在草绘区域中指定一点作为圆心，然后移动鼠标，将产生一个半径不断变化的圆，拖动到适当大小后单击鼠标便可确定圆的半径，从而绘制一个圆。系统会自动标注圆的直径尺寸，单击鼠标中键，结束圆的绘制，如图 2-10 所示。

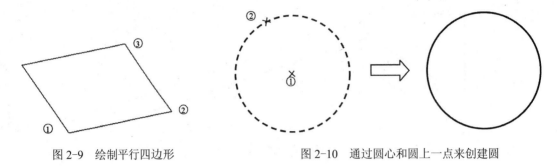

图 2-9　绘制平行四边形　　　　　　　　　图 2-10　通过圆心和圆上一点来创建圆

◎：画同心圆。单击该按钮后，在草绘区域中选择一个已存在的圆或圆弧边线，然后移动鼠标将产生一个半径不断变化的同心圆，拖动同心圆到适当大小后单击，便可确定圆的半径，即可产生圆。移动鼠标连续单击可绘制多个同心圆，如图 2-11 所示，单击鼠标滚轮终止同心圆的绘制。

◯：通过三点画圆。单击该按钮后，以鼠标左键拾取三个点，即可产生通过此三点的圆，如图 2-12 所示。

图 2-11　绘制同心圆　　　　　　　　　　图 2-12　通过 3 点绘制圆

◎：画公切圆。单击该按钮后，以鼠标左键拾取三个图元（可为直线、圆或圆弧），即可产生与此三个图元相切的圆，如图 2-13 所示。产生的圆和拾取点位置有关。

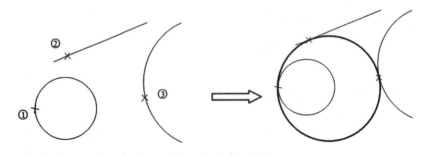

图 2-13　画公切圆

◯：以椭圆轴两端点画椭圆。单击该按钮后，在草绘区域中选择一点作为椭圆长（短）轴的一端①，移动鼠标点选椭圆长（短）的另一端②，然后移动鼠标将拖动椭圆至适当大小后单击③点，即可绘制出一椭圆，如图 2-14 所示。单击鼠标滚轮终止椭圆的绘制。

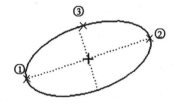：椭圆中心和轴画椭圆。单击该按钮后，以鼠标左键在草绘区域内定出椭圆中心①，移动鼠标改变椭圆长（短）轴的方向和大小，确定②点单击，接着移动鼠标将椭圆拖至适当大小后单击③点，即可绘制出一个椭圆，如图 2-15 所示。单击鼠标滚轮终止椭圆的绘制。

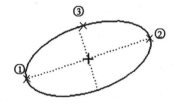 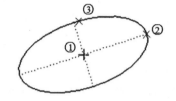

图 2-14　以椭圆轴两端点画椭圆　　　　　图 2-15　以椭圆中心和轴画椭圆

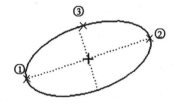：以三点画圆弧。单击该按钮后，以鼠标左键定出圆弧的起点①及终点②，然后移动光标，用鼠标左键定出圆弧上的点③，如图 2-16 所示。单击鼠标滚轮终止圆弧的绘制。

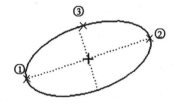：同心圆弧。单击该按钮后，点选已有的圆或圆弧①以确定圆心，然后移动光标，以鼠标左键定出圆弧起点②，再移动鼠标，定出圆弧的终点③，即可画出圆弧，如图 2-17 所示。单击鼠标滚轮终止同心圆弧的绘制。

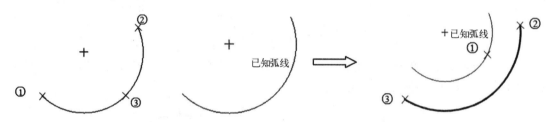

图 2-16　以三点画圆弧　　　　　　　图 2-17　画同心圆弧

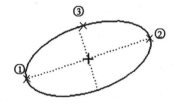：以圆心及端点画圆弧。单击该按钮后，以鼠标左键定出圆弧的圆心①，然后以鼠标左键定出起点②和终点③，即可画出圆弧，如图 2-18 所示。单击鼠标滚轮终止圆弧的绘制。

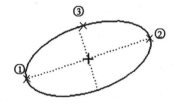：画公切圆弧。单击该按钮后，以鼠标左键点选三个图元（如图 2-19 中的圆①、圆弧②、直线③），即可产生与此三个图元相切的圆弧，如图 2-19 所示。

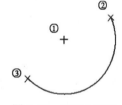

图 2-18　画同心圆弧

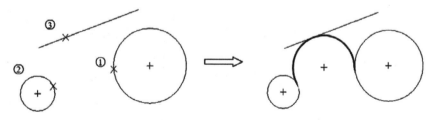

图 2-19　画公切圆弧

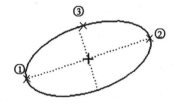：画椭圆锥弧。单击该按钮后，以鼠标左键定出圆锥弧的起点①和终点②，然后移动光标，以鼠标左键定出圆锥弧上的点③。即可画出椭圆锥弧，如图 2-20 所示。单击鼠标滚轮终止椭圆弧的绘制。

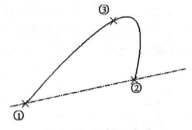

图 2-20　画椭圆锥弧

![icon]：倒圆角。单击该按钮后，以鼠标左键点选两个图元（可为直线、圆、圆弧或曲线）即可产生圆弧形的圆角，如图 2-21 所示。

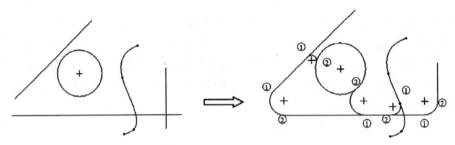

图 2-21　画倒圆角

![icon]：倒椭圆角。单击该按钮后，以鼠标左键点选二个图元（可为直线、圆、圆弧或曲线）即可产生椭圆形的圆角，如图 2-22 所示。

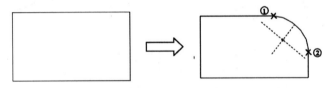

图 2-22　画倒椭圆角

![icon]：倒角。在两个图元之间创建倒角并产生延伸构造线。单击该按钮后，以鼠标左键点选相邻两个图元（可为直线、圆弧或曲线）中的一个，拾取点为倒角起点①，再点选另一个图元，拾取点为倒角的终点②，即可产生所需要的倒角，并同时创建两延伸相交的构造线，如图 2-23 所示。

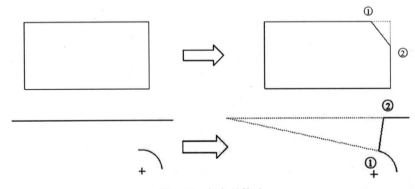

图 2-23　倒角并构造

: 倒角并修剪。在两图元之间产生倒角，修剪多余线条。单击该按钮后，以鼠标左键点选相邻两个图元（可为直线、圆弧或曲线）中的一个，即为倒角起点①，再点选另一个图元即为倒角的终点②，即可产生所需要的倒角，并修剪原两图元多余线条，如图 2-24 所示。

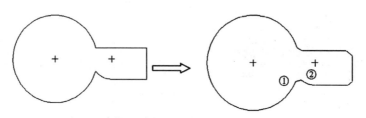

图 2-24　倒角并修剪

: 画样条曲线。单击该按钮后，在草绘区域内以鼠标左键依次点取若干个点，即可产生通过这些点的曲线，如图 2-25 所示。单击鼠标滚轮终止样条曲线的绘制。样条曲线主要用来画一些形状不规则，外形圆滑的造型曲线。

图 2-25　画样条曲线

: 草绘点。单击该按钮后，以鼠标左键在草绘区域内点选位置，即可产生一个点，如图 2-26 所示。单击鼠标滚轮终止点的绘制。

: 草绘坐标系。单击该按钮后，以鼠标左键在草绘区域内点选坐标系的位置，即可产生一个坐标系，如图 2-26 所示。单击鼠标滚轮终止坐标系的绘制。

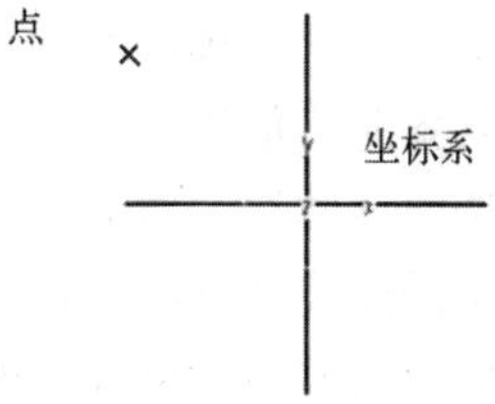

点　　　×

坐标系

图 2-26　草绘点和草绘坐标系

注意：几何点和几何坐标系的创建方式和点及坐标系的创建方式一样。几何点和几何坐标系可以用于草绘器之外，即将其特征信息传递到其他 2D 或 3D 基于草绘的特征中。如在草绘中增加一个几何点进行拉伸后，会对应产生一条轴线。

: 使用边。通过将所选模型的边投影到草绘平面创建几何，系统将图元端点与边的端点对齐。用"使用边"创建的图元具有"~"约束符号。单击该按钮后，在已创建部分实体的基础上，单击实体边界，则可以产生基于实体边界的草绘线。

: 偏移边。使用零件的边作为草绘新图元时的参照。可以由线、圆弧或样条所定义的边创建偏移图元。创建偏移图元时，首先将原始线、圆弧或样条上的每个点投影到草绘平面上。然后以指定的距离偏移。偏移可为正值或负值，如图 2-27 所示，选择立体上侧的边，并输入偏离值即可。

: 加厚边。使用零件的边作为草绘新图元时的参照。加厚图元是双偏移图元，其元件按用户定义的距离来分离。创建加厚边后，可以添加平整或圆形端封闭以连接两个偏移图元，或者可以使其保持未连接状态。根据输入的偏移和厚度值，加厚草绘可以跨骑参照边，或这两个偏移图元都位于同一侧。删除加厚边时，会保留相应的参照图元。如果在截面中不使用这些参照，退出"草绘器"时系统会将其删除。使用"加厚"命令时需输入厚度尺寸和偏移尺寸。生成的草绘有两个强尺寸 (厚度和偏移) 和一个参照尺寸 (厚度值减去偏移值)，如图 2-28 所示。

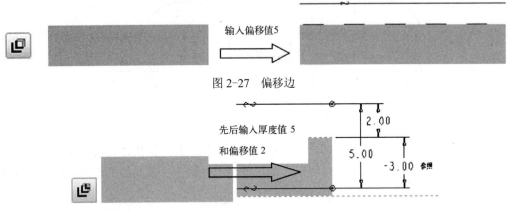

图 2-27　偏移边

图 2-28　加厚边

　　：写文字。单击该按钮后，将鼠标移动到草绘区域内，会有一点紧随鼠标，单击由下向上拉出一直线，直线的长度代表文字的高度，直线的角度代表文字的方向，之后弹出如图 2-29 所示的"文本"对话框。在对话框的"文本行"选项中输入要写的文字；在"字体"下拉列表中选择需要的字体类型；在"位置"中设置文本字符串的起始点的对齐方式；在"长宽比"文本框中设置文字的长宽比例；在"斜角"文本框中设置文字的倾斜角度。完成以上设置后，单击对话框中的"确定"按钮，即产生文字，如图 2-29 所示。如果要将文字沿某条曲线放置，则可在绘图区域内绘制出如图 2-30 所示的基准线，先勾选沿曲线放置后再选中该曲线，然后单击"确定"按钮。如图 2-30 所示文字就沿曲线放置了，如果要改变文字沿曲线放置的方向，则单击"沿曲线放置"旁的"反向"按钮　就可以改变文字在曲线上放置的方向和位置，如图 2-30 下方的图所示。

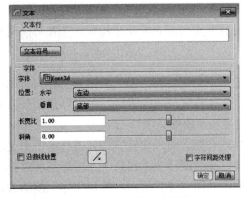

图 2-29　"文本"对话框

图 2-30　画文字沿曲线放置

　　：调色板。单击调色板后出现如图 2-31 所示"草绘器调色板"对话框，该对话框中包括"多边形"、"轮廓"、"形状"和"星形"等选项卡，每个选项卡中包含相应的轮廓图形，用户可以根据需要从中选择图形，双击选项卡中的图形，可以在对话框的窗口中预览该图形，确定之后，将鼠标移到绘图区域，此时鼠标的下方依附着"+"符号，在指定位置单击，则将图形添加到此处，如图 2-31 所示。也可直接将选定图形拖放到草绘界面。

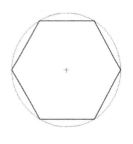

图 2-31 "草绘器调色板"对话框及插入图形和"缩放旋转"对话框

在添加图形的同时弹出如图 2-31 所示的"移动和调整大小"对话框，设定缩放比例和旋转角度，单击"接受"按钮 ✔ ，退出对话框。

：动态修剪。这是一种在 Pro/E 常用的修剪方式。使用该方式可以很方便地删除图形中不需要的图元。单击该按钮后，在草绘区域中，按下鼠标左键并拖动鼠标，使其通过要删除的图元。此时屏幕上会高亮显示鼠标的拖动轨迹曲线，同时与鼠标移动轨迹相交的图元也会用红色高亮显示。释放鼠标左键，即可删除与鼠标移动轨迹相交的图元，如图 2-32 所示。动态修剪命令也可修剪单一图元，单击"动态修剪"按钮 ，在草绘区域中直接单击要删除的图元即可。

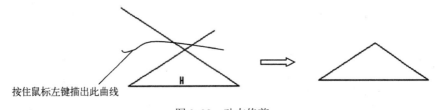

图 2-32 动态修剪

：相交修剪。相交修剪是指将图元剪切或延伸到其他图元或几何。单击该按钮后，在草绘区域中选择要修剪的两图元。修剪后的两图元将自动延伸至相交点，并将位于相交点之外的部分剪切掉，如图 2-33 所示。

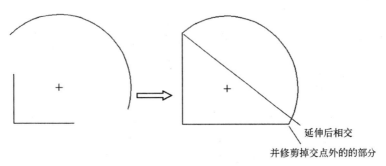

图 2-33 相交修剪

：分割线条。如果一个图元需要分割成几段，则用分割线条命令。单击该按钮后，单击你要分割的位置即可。单击鼠标滚轮终止线条分割命令。

：镜像。对于对称图形，可以先画一半，然后用镜像命令将其镜像。选择要镜像的对象（如有多条线条可同时按〈Ctrl〉键进行选择）→单击"镜像"按钮 →选择对称中心线作为镜像的基准线（如果草绘区域中没有对称中心线，则用户应在进行镜像操作前画一条中心线作为镜像基准中心线），则所选的线条即被镜像至中心线另一侧，如图 2-34 所示。

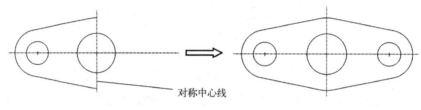

对称中心线

图 2-34　镜像图元

：缩放与旋转。选取线条①→单击"缩放与旋转"按钮 ，出现"移动与缩放"对话框，在对话框中选择要缩放的倍数（例如在缩放文本框中将原先默认的 1 改为 2，在旋转文本框中将角度 0 改为 45，则出现原长为 5 的线条现旋转为 45°后且伸长为 10），完成后单击"接受"按钮 退出对话框，如图 2-35 所示。

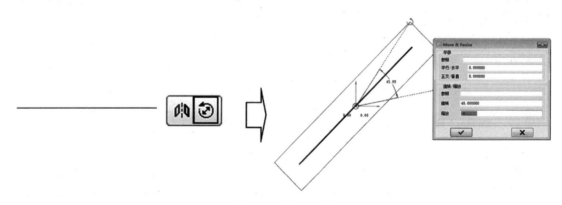

图 2-35　缩放与旋转

3．设置约束条件

约束是 Pro/E 零件设计中的一种重要的设计工具，它可建立图元之间特定的几何关系，如两直线相互平行、两图元相切，使直线垂直、水平等，下面主要介绍几何约束的类型和几何约束的使用方法。

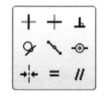

单击草绘工具器上的 向右的箭头，弹出如图 2-36 所示的"约束"对话框。在该对话框中，系统提供了 9 种几何约束，这些几何约束的功能如表 2-1 所示。

图 2-36　"约束"对话框

表 2-1　约束类型

约 束 类 型	图 标 按 钮	功　　能
垂直	+	使直线竖直
		使两图元顶点共垂线
水平	+	使直线水平
		使两图元顶点共水平线
正交	⊥	使两图元互相垂直
相切	⦶	使两图元相切
中点	↘	将图元点放置于直线的中点
重合	⊙	设置两点重合或设置点位于某图元上
对称	⊷	使两点关于中心线对称
相等	=	使两线段等长
		使两圆等半径或等曲率
平行	//	使两直线平行

　　+：垂直约束。单击约束对话框中的"垂直约束"按钮+→单击需要添加垂直约束的图元即可,如图 2-37a，斜直线①就变成竖直线②。该约束除了对直线约束外,对其他不在同一直线的图元也可添加垂直约束。此时要在两图元顶点间添加约束。如图 2-37b 所示,在①②两点添加约束后再在②③两点间添加约束。

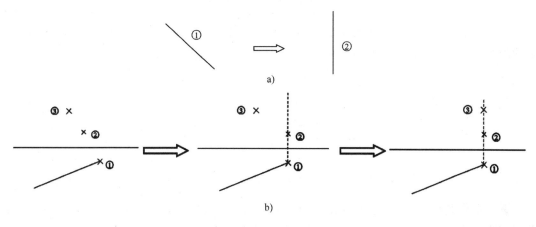

图 2-37　垂直约束

　　+：水平约束。约束直线成水平或两图元基准点在水平线上。单击约束对话框中的+按钮→在草绘区域内选择要添加约束的图元,即可完成约束,如图 2-38 所示。对直线和圆心进行水平约束。

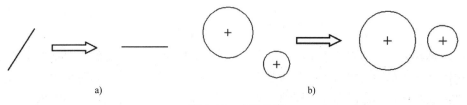

图 2-38　水平约束

⊥：正交约束。单击约束对话框中的"正交约束"按钮⊥→在草绘区域内选择要添加约束的图元，即可完成约束，如图 2-39 所示。

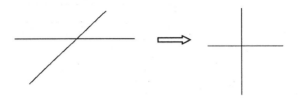

图 2-39　正交约束

◯：相切约束。单击约束对话框中的"相切约束"按钮◯→在草绘区域内选择要添加约束的图元，即可完成约束，如图 2-40 所示。

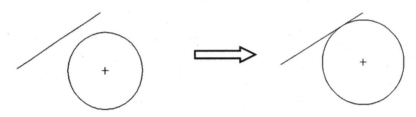

图 2-40　相切约束

＼：中点约束。单击约束对话框中的"中点约束"按钮＼→在草绘区域内选择要添加约束的图元，即可完成约束，如图 2-41 所示。

图 2-41　中点约束

◉：重合共线约束。单击约束对话框中的"重合共线约束"按钮◉→在草绘区域内选择要添加约束的图元上的端点，即可完成约束，如图 2-42 所示。

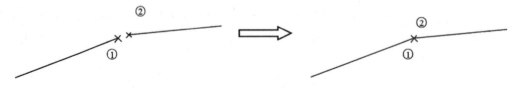

图 2-42　重合共线约束

⊹：对称约束。使两点关于中心线对称。如图 2-43 所示，单击约束对话框中的"对称约束"按钮⊹→在草绘区域内依次选择要添加约束图元的对称点①②和对称中心轴线，然后重复，再拾取③点和④点，选择对称轴，即可完成约束。在对图元进行对称约束时，必须使用中心线作为图元的对称轴，否则无法实现对称约束，如图 2-43 所示。

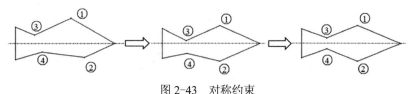

图 2-43　对称约束

=：相等约束。使两线段等长或使两圆等半径，如图 2-44a 所示，单击约束对话框中的"相等约束"按钮 **=** →在草绘区域内依次选择要添加约束的图元①②③，即可使线条①②③与线条②③等长，完成约束。如果要使两圆半径相等，操作与约束线条长度相等相同，如图 2-44b 所示。

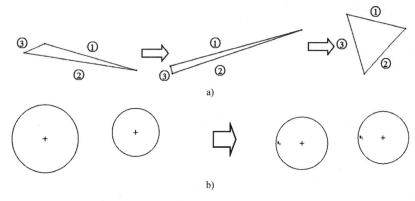

a)

b)

图 2-44　相等约束

//：平行约束。使两直线平行。单击约束对话框中的"平行约束"按钮 **//** →在草绘区域内依次选择要添加平行约束的直线，即可完成约束，如图 2-45 所示。

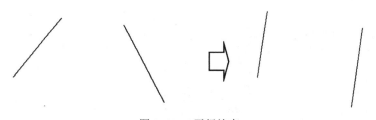

图 2-45　平行约束

4. 尺寸标注与修改

Pro/E 是参数化软件，其二维草绘图形和三维立体模型均是尺寸驱动而成。在构建图元后，系统会自动标注所建图元的大小和相对位置等尺寸。设计者随后只需修改、定义尺寸参数达到需要的值，二维草绘图形和三维模型的尺寸也会随之变更。下面将介绍尺寸标注和编辑的有关基础知识。

（1）尺寸修改

在草绘图元的过程中，图元的尺寸往往不是所需要的大小，此时需要修改尺寸的数值，以便使图形大小正确。其操作步骤如下：移动光标到要修改的尺寸上，该尺寸会高亮显示，双击该尺寸值，在出现的尺寸文本中输入新尺寸，按〈Enter〉键即可修改尺寸。如图 2-46 所示为单个尺寸的修改。尺寸修改后，图形会按照新的尺寸更新。

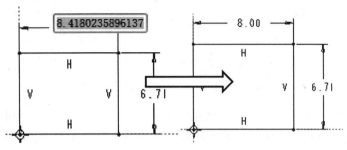

图 2-46　单个尺寸的修改

当需要修改多个尺寸时，可以通过窗口方式选中多个尺寸，如图 2-47 所示"选取"对话框，单击修改尺寸按钮 ，此时会出现"修改尺寸"对话框，当某一需要修改的尺寸被选中后该尺寸会出现在"修改尺寸"对话框中，且在几何图形中该尺寸值四周会出现一个框，此时可在修改对话框中将要修改的尺寸修改成所需要的尺寸，然后单击"接受"按钮 ，即完成多尺寸的修改，如图 2-48 所示。

图 2-47　"选取"对话框

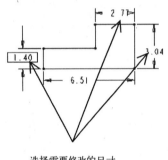

选择需要修改的尺寸

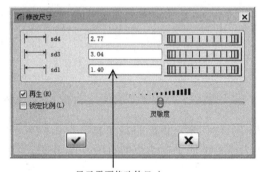

显示需要修改的尺寸

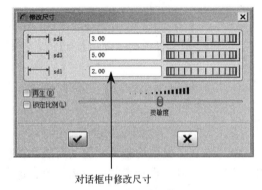

对话框中修改尺寸

修改并确定后结果

图 2-48　"修改尺寸"对话框及多尺寸的修改

注意：修改多个尺寸时，请在"修改尺寸"对话框中将"再生"前的勾去掉，避免修改一个尺寸后立即引起再生而出现意想不到的结果。

（2）尺寸标注

系统在图元上默认标注的尺寸，显示为灰色，称之为弱尺寸，自动标注的尺寸有时候不能满足设计的需要，这时需要用户自己手工标注尺寸，手工标注的尺寸会清晰显示，称之为强尺寸，如图 2-48 所示。下面介绍手工标注尺寸的方法。

🖰：长度尺寸标注。操作步骤：单击工具栏中的尺寸标注按钮🖰→出现如图 2-47 的"选取"对话框→在草绘区域内选择要标注尺寸的线段→移动鼠标到要放置尺寸文本的位置→单击鼠标中键，即可完成线段长度尺寸的标注。

注意：如果在确定尺寸位置时，用鼠标中键单击在斜线两端点的水平和垂直范围内，则标注的结果是该线段的长度。如果在左右外侧，则标注的是垂直距离，在上下垂直范围的外侧，则标注的是水平距离，如图 2-49a、b、c 所示。

🖰：对称总长标注。在只绘制了一半的截面图上如果要标注对称图形的总长，此时先单击需要标注的图元，然后单击中心对称轴线，再单击图元，最后在尺寸摆放位置按鼠标中键，如图 2-49d 所示。

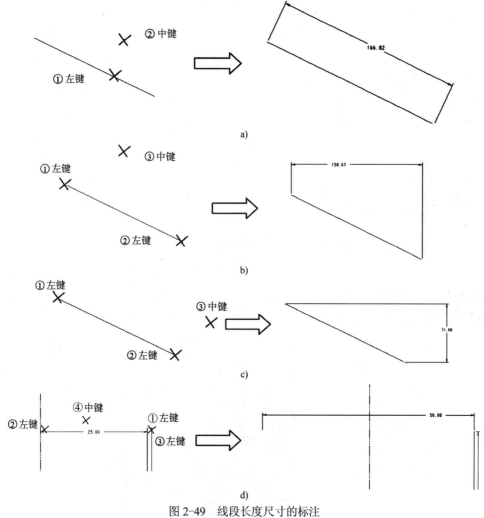

图 2-49 线段长度尺寸的标注

a) 标注线段长度　b) 标注水平距离　c) 标注垂直距离　d) 标注对称总长

🖰：角度尺寸标注。和长度尺寸标注操作相类似，依次单击选择两条线段，单击鼠标中键确定尺寸位置，如图 2-50a 所示。如果要标注曲线的夹角，则分别先单击曲线，再单击它们的交点，最后在尺寸摆放位置单击鼠标中键，如图 2-50b 所示。

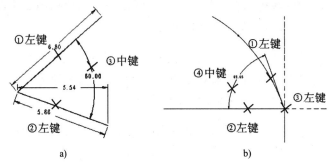

图 2-50　角度尺寸的标注

a) 直线标注夹角　b) 曲线标注角度

⊷：圆和圆弧半径和直径标注。左键单击圆弧，中键确定尺寸位置。如果只单击一次圆弧，则标注半径尺寸，如图 2-51a 所示。如果单击两次圆弧，再单击中键，则标注直径尺寸，如图 2-51b 所示。

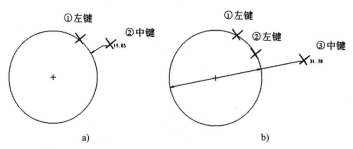

图 2-51　圆和圆弧半径和直径尺寸的标注

a) 半径注法　b) 直径注法

【例 2-1】　绘制如图 2-52 所示压盖草图。

图 2-52 为压盖草图，含有直线、圆、圆弧，其绘制过程如下。

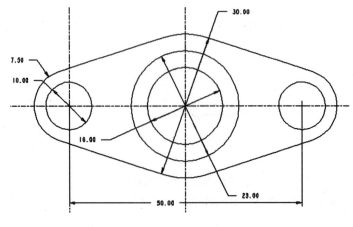

图 2-52　压盖草图

（1）新建草绘文件

启动 Pro/E5.0 后，打开工作界面左侧的工作目录，在中间主窗口选择好要存放文件的盘符（如 D 盘）并打开，在该盘中单击右键弹出"新建文件夹"对话框，在"新建目录"右侧输入"压盖草图绘制"，单击"确定"按钮完成工作目录的设置。然后在工具栏上单击创建新文件夹的按钮 🗋，打开如图 2-2 所示的"新建"对话框。再在对话框的"类型"选项中，单击"草绘"单选按钮，并在"名称"文本框中输入草绘文件的名称"yagaicaotu"，然后单击对话框中的"确定"按钮，即可进入如图 2-3 所示的草绘工作界面。

（2）草绘几何图形

1）画中心线。单击工具栏中的画中心线按钮 ⫴，在草绘区域中绘制如图 2-53 所示的一条水平中心线以及两条垂直中心线，并修改两垂直中心线间的距离为 25。

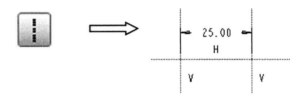

图 2-53　绘制中心线

2）画圆。单击工具栏中的"画圆"按钮 ⭕，以中心线的交点为圆心，绘制如图 2-54 所示的两圆，然后修改直径尺寸为 Φ30 和 Φ15。

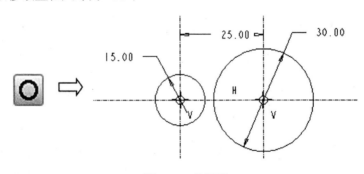

图 2-54　绘制圆

3）画切线。单击工具栏中的"切线"按钮 ⤬，绘制如图 2-55 所示两圆的切线。

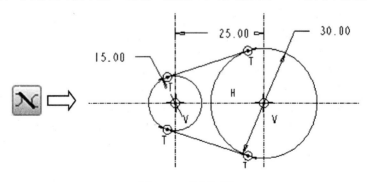

图 2-55　绘制切线

4）动态修剪。单击工具栏中的"动态修剪"按钮 ⚞，修剪掉 $\Phi15$ 右边多余的圆弧，如图 2-56 所示。必要时可以滚动鼠标滚轮放大或缩小显示图形。

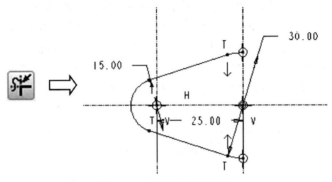

图 2-56　动态修剪多余线条

5）画同心圆。单击工具栏中的"同心圆"按钮 ◎，画 $\Phi15$ 同心圆 $\Phi10$ 和 $\Phi30$ 的同心圆 $\Phi23$、$\Phi16$，如图 2-57 所示。

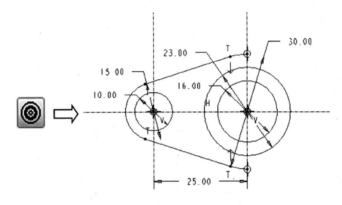

图 2-57　画同心圆

6）镜像。同时按住〈Ctrl〉键选择 $\Phi15$ 圆弧和 $\Phi10$ 圆及两条切线→单击工具栏中的"镜像"按钮 ⚏→出现"选取"对话框后→选择左右对称中心线作为镜像的基准线，则所选的线条即被镜像至中心线右侧，如图 2-58 所示。

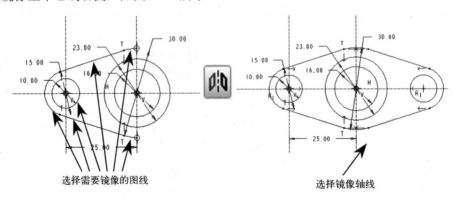

图 2-58　镜像各线条

7）标注Φ10 两圆的中心距为 50。单击工具栏中的"尺寸标注"按钮☐→出现"选取"对话框后→选择两Φ10 圆的圆心后→将鼠移动到要放置尺寸的位置按下滚轮→出现如图 2-59 所示的"解决草绘"对话框，图形中 25 和 50 两尺寸加亮→对话框中提示"加亮的 2 尺寸冲突，选取一尺寸进行删除或转换"→选择对话框中的"尺寸 sd0=25"然后单击"删除"按钮→按〈Enter〉键→关闭"选取"对话框。完成压盖草图的绘制，如图 2-52 所示。

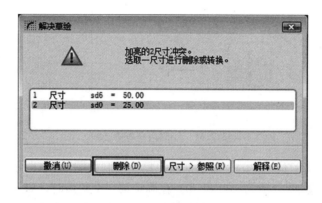

图 2-59 "解决草绘"对话框

8）保存草绘文件。

单击工具栏中的"保存"按钮☐，弹出"保存对象"对话框，对话框直接打开了开始所建的文件夹，单击对话框中的"确定"按钮保存草绘图形。

【例 2-2】 绘制图 2-60 所示底板草图。

图 2-60 为一底板图形，绘制过程如下。

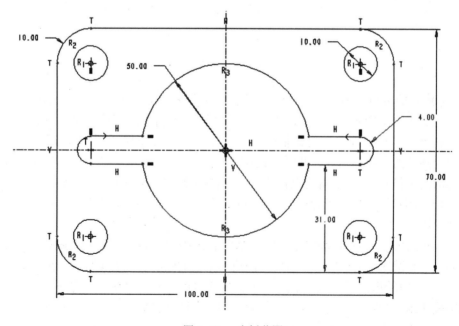

图 2-60 底板草图

（1）新建草绘文件

单击工具栏创建新文件夹按钮![]，在类型栏选择草绘，然后输入草绘名称：diban，单击"确定"即可。

（2）草绘几何图形

1）画两条相互垂直的中心线。单击工具栏中的画中心线按钮![]，在草绘区域中绘制如图 2-61 所示的两条中心线。

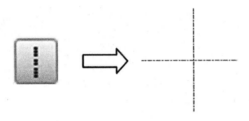

图 2-61　绘制两垂直中心线

2）画矩形。单击工具栏中的"矩形"按钮![]，绘制如图 2-62 所示的左右对称且上下对称的矩形，并将矩形的尺寸改为 100 和 70。在确定第二个角点时，如果接近对称大小，则会自动被"吸引"到对称的位置，同时图形上会出现相对对称轴的对称约束符号（相向的两箭头）。此时单击鼠标，绘制的图形为对称图形。

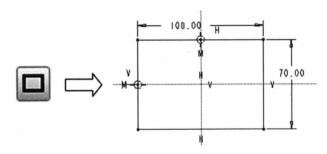

图 2-62　绘制矩形

3）画 R10 的圆角。单击工具栏中的圆角按钮![]→绘制如图 2-63 所示的适当大小的四个圆角→将其中一个圆角半径改为 10→在工具栏中按约束按钮![]的向右箭头，再单击相等约束按钮![]→出现"选取"对话框→先选图 2-63 中的 R10 的圆弧，后选其他三个圆角，使四个圆角的半径都相等，此时只在原 R10 的圆角上显示半径大小，其他三个圆角上显示相等的约束符号 R1→单击约束按钮![]，选择图 2-63 R10 圆弧端点 a 和 b 的竖直中心线，使两端点相对竖直中心线对称，再选 R10 端点 b 和 d 的水平中心线，使两点相对于水平中心线对称。

4）画Φ10 的四个小圆和Φ50 的大圆。单击工具栏中的圆按钮![]→以 R10 圆弧的圆心为圆心绘制一个小圆→用鼠标左键单击要画的第二个圆的圆心，随着鼠标移动所要画的圆的半径增大，在已画好的圆上和正在画的圆上会同时出现两个相同的 R2 符号→单击鼠标左键，所画的圆就和第一个圆一样大→同理画出后面的两个圆→在第一个圆上将圆的直径尺寸改为10→然后绘制Φ50 的大圆，如图 2-64 所示。

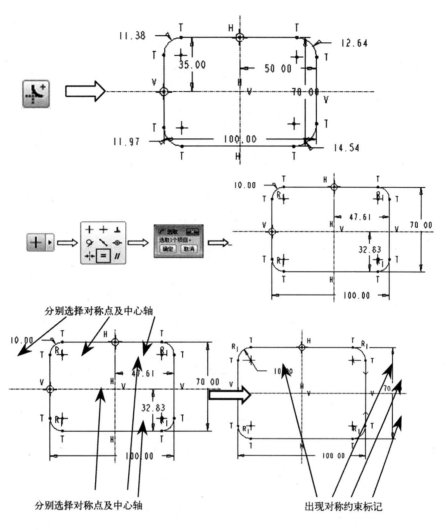

图 2-63　绘制 R10 圆角

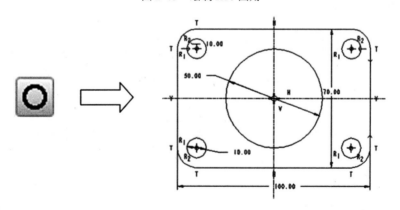

图 2-64　绘制 Φ10 和 Φ50 的圆

5）单击工具栏中的"矩形"按钮▢，画左右对称且上下对称的长 80 高 8 的矩形，如图 2-65 所示。

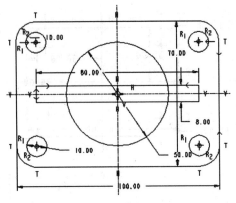

图 2-65　画中间矩形

6）选中左右两侧垂直线，按键盘上的〈Delete〉按键，删除长 80 的矩形左右两竖线，如图 2-66 所示。

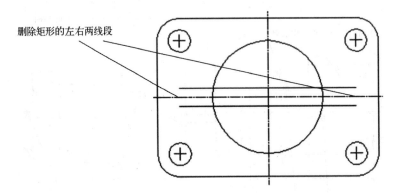

删除矩形的左右两线段

图 2-66　删除矩形两侧的竖线

7）单击工具栏上的"圆弧"按钮 →选取矩形右侧的两端点①②→移动光标，当圆弧与直线交接处显示出相切符号 T 时，单击左键→单击滚轮结束右侧圆弧的绘制。同理绘出左侧圆弧，如图 2-67 所示。

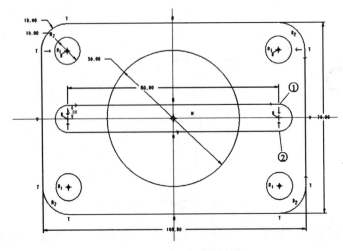

图 2-67　画矩形两端圆弧

8）单击工具栏上的"动态修剪"按钮 ✂ →按住鼠标左键同时移动鼠标，使光标划过如图 2-68a 所示的粗线，将其删除。

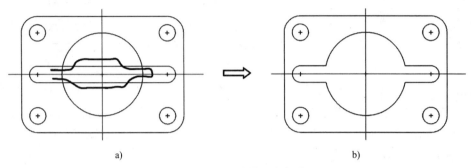

a)　　　　　　　　　　　　　　　b)

图 2-68　动态修剪图中粗线段

9）单击工具栏中"竖直约束"按钮 ┼ →选择图 2-68b 两Φ10 小圆的圆心和中间矩形右侧的半圆弧圆心，使三个圆心同在一条竖直线上。同理使图中左侧的三个圆心也约束在一条竖线上。

10）保存文件。

2.2.2　拉伸特征

在草绘平面上绘制一个二维截面后，让该截面沿垂直于草绘平面的方向拉伸一定的距离生成的三维实体或曲面，称为拉伸特征。它适用于构造等截面的实体特征，如图 2-69 所示。

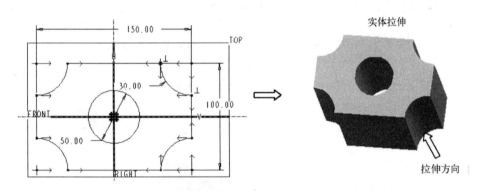

图 2-69　拉伸特征

下面通过创建支架实体说明拉伸特征的创建过程。

1．新建模型文件

1）单击工具栏中"新建"按钮 ▯，在弹出的如图 2-70 所示的"新建"对话框中选择"零件"类型，并选"实体"为子类型，"名称"为"zhijia"，同时取消"使用缺省模板"复选框前的勾选。

2）如图 2-71 所示，在"新文件选项"对话框中选择"mmns_part_solid"选项，按"确定"进入零件设计模式。

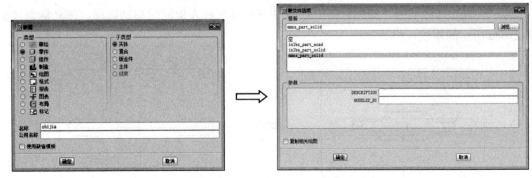

图 2-70　在"新建"对话框中选择"零件"类型　　　　图 2-71　"新文件选项"对话框

2．创建支架实体

1）如图 2-72 所示，进入零件设计界面后会自动出现三个基准平面,供选择一个基准平面作为草图绘制的平面。

2）单击主窗右侧"草绘工具"按钮，弹出"草绘"对话框，在绘图界面中选中 RIGHT 面作为草绘基准平面，使用默认参照平面及方向，如图 2-72 所示，按"草绘"对话框中的"草绘"，则系统进入二维草绘模式。

3）按照图 2-72 所示的图形绘制支架的二维草图，然后单击右侧草绘工具条上的"接受按钮"。

4）在选中草绘图形后，单击工具栏上的"拉伸"工具按钮后，按住鼠标滚轮，移动鼠标即可在界面内预览拉伸实体的几何形状。

5）在"拉伸"操控板中输入拉伸深度 130，按下"加厚草绘"按钮，输入厚度 28。单击主窗口右上方的"接受"按钮，结果见图 2-72。

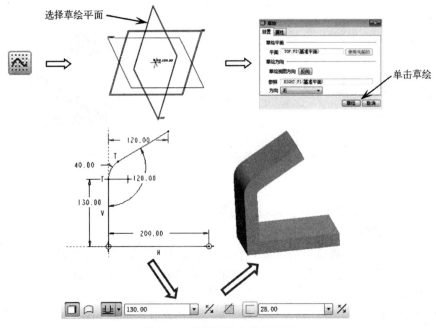

图 2-72　支架拉伸实体的创建

3．创建支架底板上的槽

1）单击工具栏上的"拉伸工具"按钮 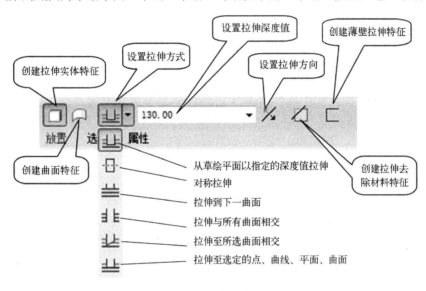，打开"拉伸"操控板。如图 2-73 所示。单击操控板上的"去除材料"按钮 ，单击"实体"按钮 后单击"放置"按钮，在打开的放置上滑面板中单击"定义"按钮，弹出"草绘"对话框，通过鼠标中键适当旋转模型，然后选择支架底面，以支架的底面为草绘平面，单击"草绘"对话框中的"草绘"按钮，进入草绘环境。

图 2-73 "拉伸"操控板

2）绘制如图 2-74 所示支架底板上槽的草图，并单击草绘工具栏中的"接受"按钮 完成草绘。

3）单击操控板上的"拉伸方式"按钮 后的箭头。选择 ，按主窗口右上方的"接受"按钮 ，结果见图 2-75。如要观察模型，可按住鼠标中键，移动鼠标从不同方向观察所建实体；如要缩放模型，向下推滚轮可放大模型，向上推可缩小模型；如要移动模型在绘图区域中的位置，可同时按住〈Shift〉键和鼠标中键再移动鼠标；如要在同一点旋转模型，可同时按住〈Ctrl〉键和鼠标中键再移动鼠标。

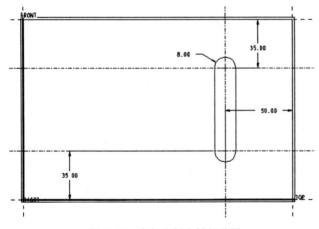

图 2-74 支架底板上槽的草图

图 2-75 完成的支架

注意：

（1）创建基本特征时，用户必须先在某一草绘平面上绘制出二维草图为特征的截面，方能创建出特征的三维几何模型，在上述过程中，草绘平面有 TOP、RIGHT、FORNT 三种，它们互相垂直，它们是用以让用户绘制二维草图几何形状时用的基准平面，用户在绘制草图时可自行选择 TOP、RIGHT、FORNT 中的一个面作为基准面。而定向参照平面是用以决定零件的方向，定向参照平面须与草绘平面"互相垂直"。

（2）创建拉伸特征时，应先在操控板上指定拉伸特征为实体 ▢ 还是 ▢（一般默认为实体 ▢）。因为拉伸实体特征的草绘截必须是封闭的，而拉伸曲面特征的草绘截面可以是开放的。

（3）滚动鼠标滚轮可缩小或放大零件；按住鼠标滚轮并移动可旋转零件；同时按住〈Shift〉键和鼠标滚轮并移动可移动零件的位置；同时按住〈Ctrl〉键和鼠标滚轮并移动可旋转零件。

2.2.3　旋转特征

旋转特征是由旋转截面绕指定的旋转中心线旋转一定的角度而成的一类特征。它适合于构建回转体零件，如图 2-76 所示。

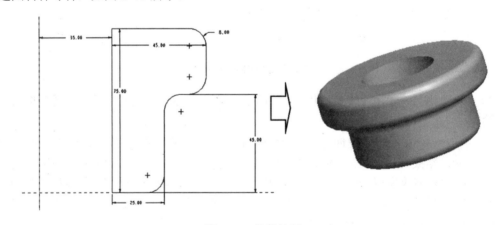

图 2-76　旋转特征

创建旋转特征时，需要定义旋转截面和旋转中心线。旋转截面可以使用开放或封闭的图元，且必须完全位于旋转中心线的一侧，不可穿过旋转中心线。旋转中心线既可以在草绘环境中绘制，也可在非草绘环境中选定边或轴线作为旋转中心线。

以旋转方式创建实体的操作步骤如下。

1．新建模型文件

1）单击工具栏中"新建"按钮 ▢，在弹出的 "新建"对话框中选择"零件"类型，并选"实体"为子类型，"名称"为"tao"，同时取消"使用缺省模板"复选框前的勾选。

2）在"新文件选项"对话框中选择"mmns_part_solid"选项，单击"确定"进入零件设计模式。

2．创建套实体

1）此时出现三个基准平面，供选择一个作为草绘平面。

2）单击主窗右侧"草绘"工具按钮 ，弹出"草绘"对话框，在绘图界面中选中
RIGHT 面作为草绘基准平面，使用默认参照平面及方向，按"草绘"对话框中的"草绘"，
则系统进入二维草绘模式。

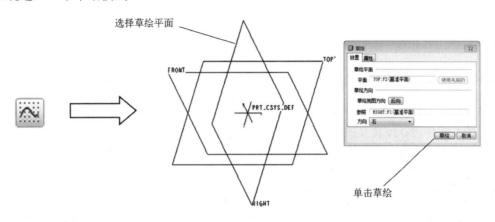

图 2-77　设置草绘平面

3）绘制如图 2-78 所示的截面二维草图，然后单击右侧草绘工具条上的"接受"按钮 。

4）选中草绘的截面图形后，单击工具栏上的旋转工具按钮 后，按住鼠标滚轮，移动
鼠标即可在界面内预览实体的几何形状。

5）在"旋转"操控板中输入旋转角度为 360°（系统默认），单击主窗口右上方的"接
受"按钮 ，结果如图 2-78 所示。

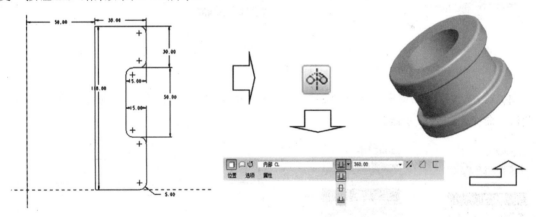

图 2-78　旋转套实体的创建过程

2.2.4　扫描特征

在拉伸特征中将拉伸特征的路径由垂直于草绘平面的直线推广成任意的曲线，则可以创
建形式更加丰富多样的实体特征，这就是下面要介绍的扫描特征。其实拉伸特征和旋转特征
都可以看做是扫描特征的特例。拉伸特征的扫描轨迹是垂直于草绘平面的直线，而旋转特征
的扫描轨迹是圆（弧）。

创建扫描特征需要定义两个基本要素，一个是扫描轨迹线；另一个是扫描截面。将扫

截面沿扫描轨迹扫描后，即可创建扫描特征，如图 2-79 所示。

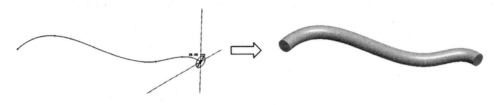

图 2-79　扫描特征

以扫描方式创建实体的操作步骤如下。

1）进入零件设计模式（该步操作同前例）。

2）从下拉式菜单选择"插入"→"扫描"→"伸出项"命令，出现"伸出项：扫描"和"扫描轨迹"菜单管理器，如图 2-80 所示。

3）在"扫描轨迹"菜单管理器中选择"草绘轨迹"项，出现"设置草绘平面"菜单管理器，接受系统默认的"新设置"→"平面"命令，选择基准平面 TOP 面作为草绘平面。

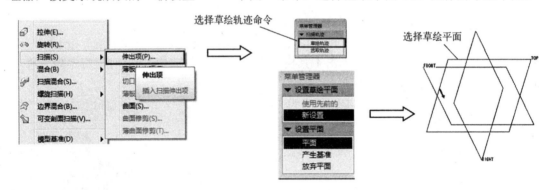

图 2-80　扫描流程

4）弹出"方向"菜单，选择"正向"命令，出现"草绘视图"子菜单，选择"缺省"（默认）命令，进入草绘器。

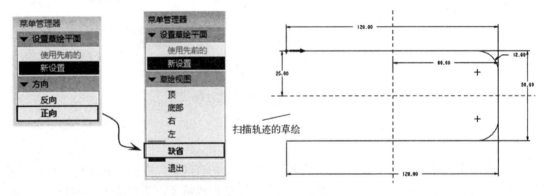

图 2-81　草绘轨迹

5）绘制如图 2-81 所示的扫描轨迹，然后单击右侧草绘工具条上的"接受"按钮✓，系统自动调整绘图平面到垂直于草绘轨迹起始点垂直方向，并设置好相互垂直的基准轴，绘制如图 2-82 所示的扫描剖面，然后单击右侧草绘工具条上的"接受"按钮✅，退出草绘器。

6）单击"伸出项：扫描"对话框上的"确定"按钮完成实体扫描特征的创建。

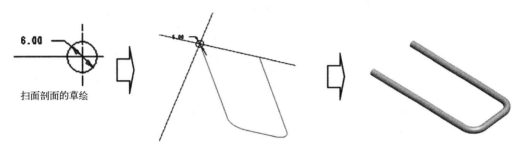

图 2-82　扫描特征创建过程

2.2.5　混合特征

"混合"是将数个二维截面按一定的顺序混合连接在一起，形成一个实体或曲面，如图 2-83 所示。按截面连接方式不同，混合可分为以下三种形式。

1．平行混合

平行混合是指所有的二维截面都是相互平行的，且是在同一个草绘平面上绘制的。当绘制截面后，需要通过右击鼠标，选择"切换剖面"命令切换到另一个草绘截面的绘制状态。平行混合中的各个草绘截面的图元数必须相等。草绘截面间的空间关系由其间的深度值来决定，如图 2-83 所示。

图 2-83　平行混合特征

2．旋转混合

旋转混合是混合截面绕着 y 轴旋转，最大旋转角度为 120°，在每个旋转混合截面中都要添加一个草绘坐标系。

3．一般混合

一般混合是混合截面可以绕着 x 轴、y 轴和 z 轴旋转，旋转角度为-120°～120°，也可沿这 3 个轴平移，每个旋转截面中都要添加一个草绘坐标系。

下面以方圆接头为例说明创建混合实体的过程。

1）单击下拉式菜单选择"插入"→"混合"→"伸出项"命令，出现"混合选项"菜单管理器，如图 2-84 所示。

2）在"混合选项"菜单管理器中依次选择"平行"→"规则截面"→"草绘截面"→"完成"命令，弹出"伸出项：混合、平行、规则截面"对话框和"属性"菜单管理器。

3）"属性"菜单管理器依次选择"直"→"完成"命令，弹出"设置草绘平面"菜单管理器，如图 2-85 所示。

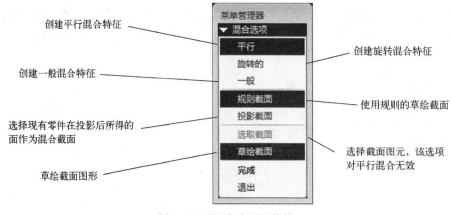

图 2-84 "混合选项"菜单

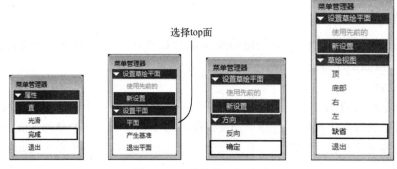

图 2-85　菜单管理器选项

4）在"设置草绘平面"菜单管理器中依次选择"新设置"→"平面"菜单项，然后选择基准平面 TOP 面作为草绘平面。

5）在系统弹出的"方向"菜单中选择"正向"→"确定"，出现"草绘视图"子菜单，选择"缺省"（默认）命令，进入草绘环境。

6）绘制如图 2-86 所示的第一个混合截面矩形，该截面由 4 条边组成。完成第一个截面后，在草绘区域中右击，在弹出的快捷菜单中选择"切换剖面"命令，系统自动切换到第二个混合截面的绘制，同时第一个截面变为灰色显示，如图 2-86 所示。

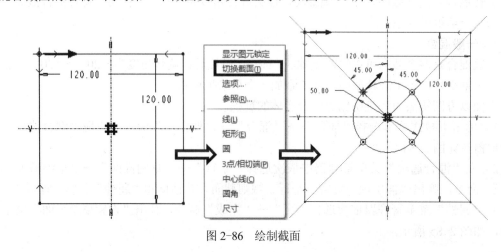

图 2-86　绘制截面

7）在草绘区域中绘制第二截面圆，然后单击工具栏中的"分割"按钮 ，将圆分割成与第一个截面边数相等的份数，也即将圆分割成 4 份（每个截面中都有一个起始点，起始点上用箭头标明方向。分割时要使两截面的起始点对应，若不对应，可在截面选择对应点后右击，在弹出的快捷菜单中选择"起始点"命令使之对应，同时应该调整箭头的方向。），如图 2-86 所示。

8）完成第二个截面的绘制后，单击右侧草绘工具条上的"接受"按钮 ，退出草绘环境。

9）在信息提示栏中，系统弹出如图 2-87 所示的文本框，提示用户输入截面 2 到截面 1 的深度，在其中输入深度为"200"。并单击"确定"按钮 。

10）单击"伸出项：混合、平行、规则截面"对话框中的"确定"按钮，完成平行混合实体的创建。结果如图 2-87 所示。

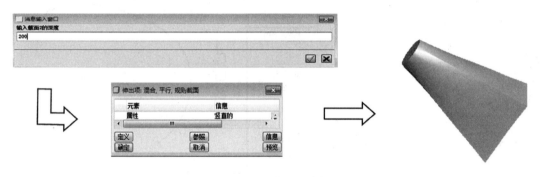

图 2-87 "平行混合"创建实体过程

2.2.6 扫描混合特征

扫描混合是综合"扫描"及"混合"的特点来创建实体或曲面，其基本做法是将数个截面沿着一条轨迹线做混合的动作。以扫描混合的方式创建实体或曲面的操作步骤如下。

1）单击主窗右侧草绘工具按钮 ，弹出"草绘"对话框，在绘图界面中选一个基准平面作为草绘平面，使用默认参照平面及方向，按"草绘"对话框中的"草绘"， 则系统进入二维草绘模式。

2）在草绘区域中绘制一条样条曲线，作为创建扫描混合的轨迹线，如图 2-88 所示，绘制完成后单击右侧草绘工具条上的确定按钮 ，退出草绘环境。

3）选中刚草绘的轨迹，单击下拉式菜单选择"插入"→"扫描混合"命令，出现"混合选项"菜单管理器，如图 2-88 所示。

4）按住鼠标右键，在出现的快捷菜单中单击"截面位置"，然后在所画的轨迹线上选取第 1 个截面所在的位置，如图 2-88 所示。

5）按住鼠标右键，在出现的快捷菜单中单击"草绘"，系统自动进入草绘模式，且将零件转到与轨迹线垂直的二维视图，让用户绘制第 1 个截面，如图 2-89 绘制圆形截面。绘制完成后单击右侧草绘工具条上的"接受"按钮 ，退出草绘环境。

6）按住鼠标右键，在出现的快捷菜单中单击"截面位置"，然后在所画的轨迹线上选取第 2 个截面所在的位置，如图 2-89 所示。

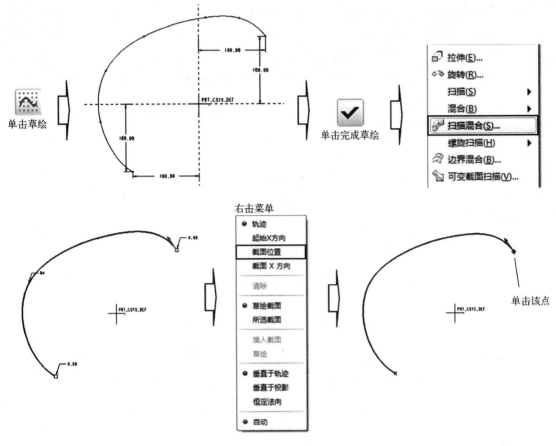

图 2-88　确定轨迹及截面位置

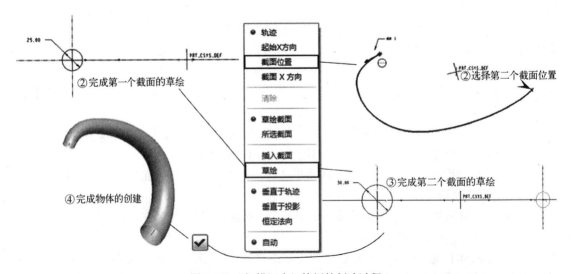

图 2-89　"扫描混合"特征的创建过程

7）按住鼠标右键，在出现的快捷菜单中单击"草绘"，系统自动进入草绘模式，绘制第 2 个圆形截面，如图 2-89 所示。绘制完成后单击右侧草绘工具条上的"接受"按钮 ，退出草绘环境。

8）截面绘制完成，则单击图标板的确定按钮 ✅，完成扫描混合特征的创建，如图 2-89 所示。

2.2.7 螺旋扫描特征

螺旋扫描是将二维截面沿着螺旋线进行扫描，以产生螺旋形的实体或曲面。例弹簧、螺纹等。以螺旋扫描的方式创建弹簧的操作步骤如下。

1）进入零件设计模式。

2）从下拉式菜单选择"插入"→"螺旋扫描"→"伸出项"命令，出现"伸出项：螺旋扫描"和"属性"菜单管理器，如图 2-90 所示。

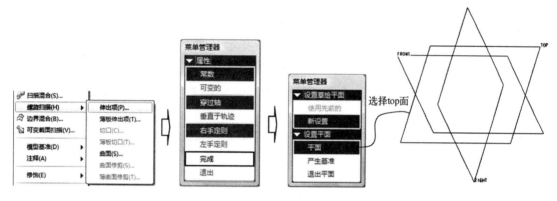

图 2-90　设置螺旋扫面属性

3）在"属性"菜单管理器中选择 "常数"→"穿过轴"→"右手定则"→"完成"命令（代表螺旋弹簧的节距为常数、螺旋截面所在的平面通过旋转轴、右螺旋），然后接受系统默认的"新设置"→"平面"命令，选择一个基准平面作为草绘平面。

4）弹出"方向"菜单，选择"正向"命令，出现"草绘视图"子菜单，选择"缺省"（默认）命令，进入草绘器。

5）绘制如图 2-91 所示的旋转中心线和螺旋体的外型线后，按右侧草绘工具条上的"接受"按钮 ✅，退出草绘器。

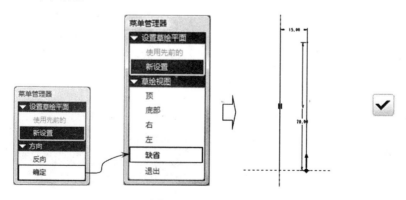

图 2-91　绘制外型线

6）出现"输入节距"的"消息输入窗口"对话框，在对话框中输入弹簧的节距 4（此例所用的节距是 4）。

7）绘制如图 2-92 所示的螺旋弹簧截面（直径为 4 的圆）后，按右侧草绘工具条上的确定按钮，退出草绘器。

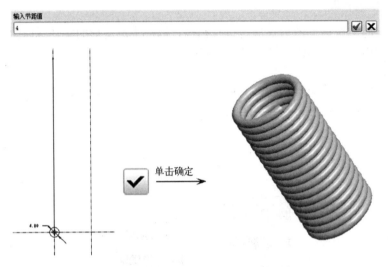

图 2-92 "螺旋扫描"特征的创建过程

8）单击"伸出项：螺旋扫描"对话框上的"确定"按钮完成实体螺旋扫描特征的创建，如图 2-92 所示。

2.2.8 圆角特征

圆角特征是在零件的边上倒出圆角。倒圆角的操作步骤如下。

1）单击倒圆角工具的按钮 。

2）在立体上选取欲倒圆角的边线，即可在屏幕上预览圆角。（上两步可以交换顺序）

3）在倒圆角特征操控板修改圆角半径值。

4）单击图标板的确定按钮 ，即完成圆角的创建，如图 2-93 所示。

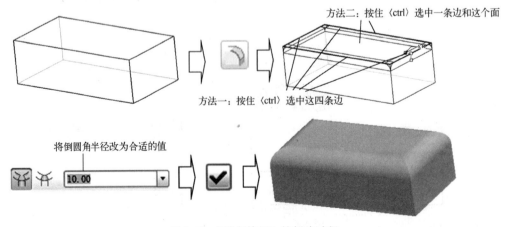

图 2-93 "圆角特征"的创建过程

2.2.9 倒角特征

倒角特征在立体上进行倒角操作,其过程如下。

1)从立体上选取欲倒角的边线。

2)单击倒角工具的按钮，即可在屏幕上预览倒角。(上两步可以交换顺序)

3)在倒角特征操控板确定倒角的标注方式,并修改倒角的大小。标注方式有 D×D、D1×D2、角度×D、45×D 4 种。

4)单击图标板的确定按钮，即完成倒角的创建,如图 2-94 所示。

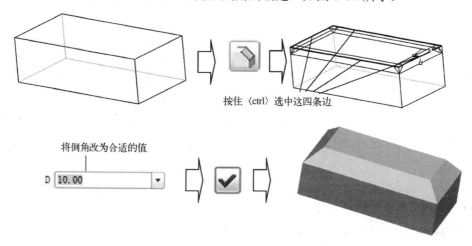

图 2-94 "倒角特征"的创建过程

2.2.10 孔特征

在现有零件上加工圆孔,可直接选取该圆孔的钻孔平面,定出圆孔中心轴线的位置,再指定此圆孔的直径与深度,即可创建出圆孔,其操作步骤如下。

1)单击孔工具的按钮。

2)选择已知零件上与钻孔中心垂直的平面,即可预览圆孔的大小和位置。

3)选择孔中心轴线的定位方式。在孔特征操控面板单击"放置"按钮,在打开"放置"上滑面板上单击"偏移参照"中的"单击此处添加项目",出现"选取两个项目",在绘图区域中单击"RIGHT"基准面(选择孔中心轴线距"RIGHT"基准面的距离即孔中心轴线的一个定位尺寸),可将"偏移参照"中的"偏移"右侧的数字改为用户所需要的距离值,再同时按住〈Ctrl〉按键选择"FRONT"基准面(选择孔中心轴线的另一个定位尺寸),更改"偏移参照"中的"偏移"右侧的数字为用户所需要的距离值,则完成孔中心轴线的定位。

4)确定圆孔的直径。在操控面板上的 Φ 后更改用户所需的孔的直径(本例将 Φ18 改为 Φ20)。

5)确定孔的深度。在操控面板上选择，即该孔为通孔。

6)按图标板的确定按钮，即完成孔特征的创建,如图 2-95 所示。

对于所创建的孔的中心线与一已知几何轴同轴时,可在按住〈Ctrl〉的同时选中孔放置的面和已知的几何轴即可完成孔的定位,如图 2-96。

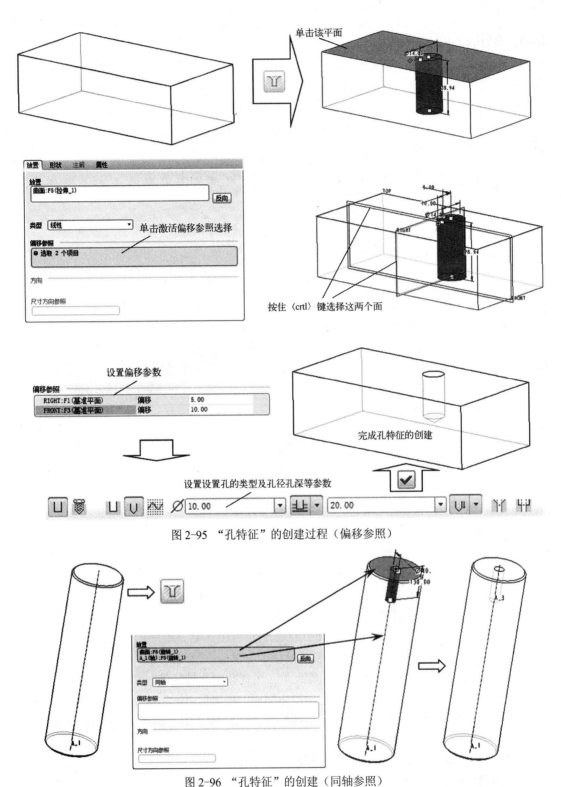

图 2-95 "孔特征"的创建过程（偏移参照）

图 2-96 "孔特征"的创建（同轴参照）

注：孔特征不仅可以方便产生圆孔，还可以直接产生螺纹孔、台阶孔，甚至可以草绘特殊的截面来生成孔。

2.2.11 筋（肋）特征

筋特征是一种特殊类型的项，通常用来增强已有零件的结构强度。筋特征的创建与拉伸特征的创建类似：在所选的草绘平面上，绘制筋的外形（必须为一个开放的截面），再指定材料的填充方向与厚度值。其操作步骤如下。

1）单击主窗右侧草绘工具按钮 ⚃，弹出"草绘"对话框，在已给零件上选中一个平面或基准平面作为草绘平面（本题选零件的前后对称面 FRONT 面），使用默认参照平面及方向，单击"草绘"对话框中的"草绘"， 则系统进入二维草绘模式。

2）在草绘区域中绘制如图 2-97 所示的一条斜线（两端点落在零件投影线上）作为筋特征的外形轮廓后，按右侧草绘工具条上的"接受"按钮 ✔，退出草绘器。

3）单击主窗右侧工具按钮 ⚃，即在图形显示区域中出现黄色箭头，如图 2-97 所示，调整箭头方向指向实体，即可预览筋特征。

4）在操控面板的厚度值中修改筋的厚度后，按〈Enter〉按键，单击图标板的确定按钮 ✔，即完成筋特征的创建，如图 2-97 所示。

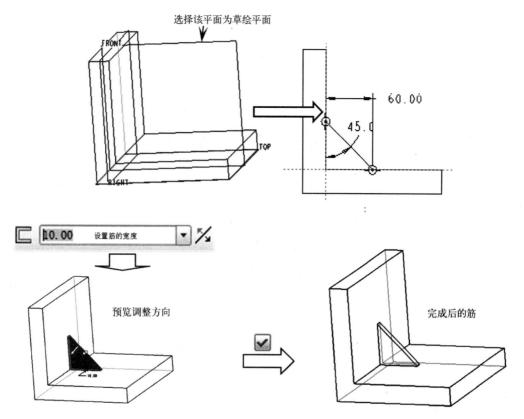

图 2-97 "筋特征"的创建过程

2.2.12 壳特征

壳特征是指将实体中间部分挖去，留下一定厚度值的壁，形成薄壳。在工业设计中许多地方都要用到壳特征，如手机外壳、显示器外壳、鼠标外壳等都需要进行抽壳。与基础特征切口相比，壳特征通过简单的操作，便可得到复杂的薄壳模型，因此具有极大的优越性。壳特征的操作步骤如下。

1）在已有零件上选取一个面或数个面（平面或曲面）作为材料移除面。

2）单击主窗右侧工具按钮 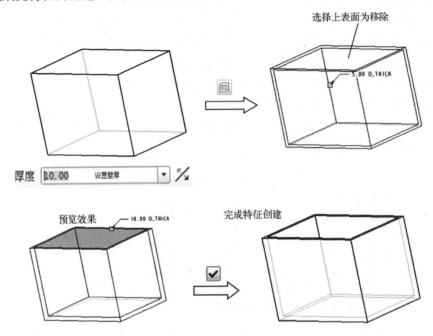 即可预览薄壳的效果，如图 2-98 所示。

3）在操控面板的厚度值中修改壳的壁厚后，按〈Enter〉键，单击图标板的确定按钮 ✔，即完成壳特征的创建，如图 2-98 所示。

图 2-98 "壳特征"的创建过程

2.2.13 拔模特征

在铸造工艺中，为了便于零件的取出，铸件与模具接触部分必须设计成具有一定的斜度，铸件上的这一斜度称为拔模斜度，利用拔模特征工具可以很方便地创建拔模所需的角度。

在创建拔模特征前，用户需熟悉以下 4 个基本术语：拔模面、拔模枢轴、拔模方向、拔模角度。

1. 拔模面

模型上需要拔模的面，可以是单个面，也可以是多个面，完成拔模后，这些面具有一定的拔模斜度。

2. 拔模枢轴

在拔模操作的过程中，拔模面围绕其旋转的线就称为拔模枢轴。拔模枢轴位于拔模面上，且在拔模操作后长度不会发生改变。一般可通过选取平面（此平面与欲拔模面的交线即为拔模的旋转轴），或选取拔模面上的单个边或线，此边（线）即为拔模的旋转轴。

3. 拔模方向

拔模方向也称为拖动方向，是用于测量拔模角度的方向。一般可选取平面、直边、线等来定义拔模方向，在模型中系统用黄色箭头指示。

4．拔模角度

拔模角度是指拔模面按照指定方向和拔模枢轴之间的倾斜角度。通常拔模角度在-30°～+30°的范围内。

创建拔模特征的操作步骤如下。

1）在要创建拔模特征的零件上选取一个或数个面（平面或曲面）作为拔模面（本例选择模型的左侧面）。

2）单击主窗右侧工具图标🔩。单击拔模操控面板上的🔩右侧的"单击此处添加项目"，选取一个与拔模面相交的平面以产生拔模枢轴（本题选上底面），选中的面会变成黄色，此时可在屏幕上预览拔模斜面和角度。

3）在拔模操控面板上右侧的 ◢ 1.00 ▼ 🖋 框内修改角度（本题修改为 10°），然后按〈Enter〉键，按图标板的确定按钮✅，即完成拔模特征的创建，如图 2-99 所示。

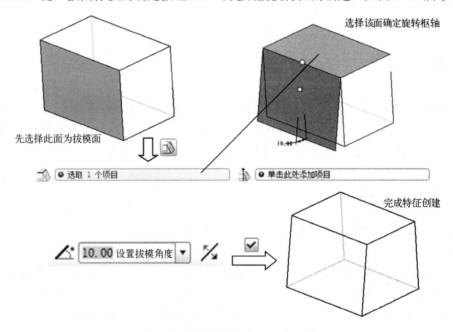

图 2-99　"拔模特征"的创建过程

2.3　常用特征实例

【例 2-3】　创建图 2-100 所示的阶梯轴零件。

本例将创建如图 2-100 所示的阶梯轴。通过本例的学习，将会对以下内容有更进一步的认识：旋转特征的创建、基准特征的创建、拉伸特征的创建、倒角特征的创建。

1．设计思路

设计思路如图 2-100、2-101 所示。

草绘旋转截面→旋转实体→倒角→开键槽。

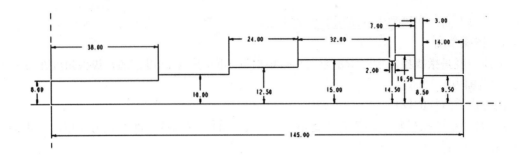

图 2-100   阶梯轴零件的轴截面图

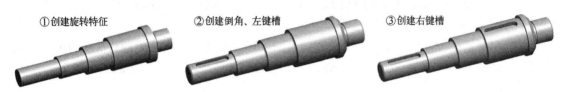

①创建旋转特征   ②创建倒角、左键槽   ③创建右键槽

图 2-101   阶梯轴的设计思路

2. 设计步骤

（1）新建零件文件

1）单击工具栏中"新建"按钮 📄，在弹出的 "新建"对话框中选择"零件"类型，并选"实体"为子类型，"名称"为"zhou"，同时取消"使用缺省模板"复选框前的勾选。

2）在"新文件选项"对话框中选择"mmns_part_solid"选项，按"确定"进入零件设计模式。

（2）创建旋转实体

1）单击主窗右侧"草绘"按钮 🖼，弹出"草绘"对话框，在绘图界面中选中 TOP 作为草绘基准平面，使用默认参照平面及方向，按"草绘"对话框中的"草绘"， 则系统进入二维草绘模式。

2）绘制如图 2-100 所示的二维草图，然后按右侧草绘工具条上的"确定"按钮 ✅。

3）单击工具栏上的"旋转"按钮 🔩后，在 "旋转"操控板中输入旋转角度为 360°（系统默认），按主窗口右上方的"确定"按钮 ✅，结果如图 2-101 左侧模型所示。

4）单击"倒角"按钮，按照图 2-102 图示位置和大小倒 45°角。

5）单击"圆角"按钮，按照图 2-102 图示位置和大小倒圆角。

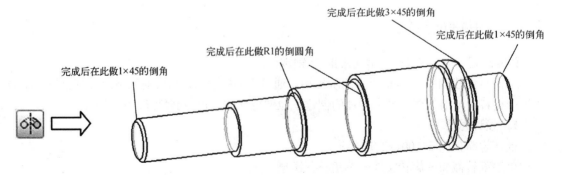

图 2-102   倒角及圆角位置和大小

50

（3）创建基准面 DTM1

单击工具栏上的"基准面"按钮□，出现"基准平面"对话框→在图形显示区域中选取基准面 FRONT 作为放置参照→在对话框中的"偏移"下的"平移"右侧输入"8"→单击对话框中的"确定"按钮，完成基准面 DTM1 的创建，如图 2-103 所示。

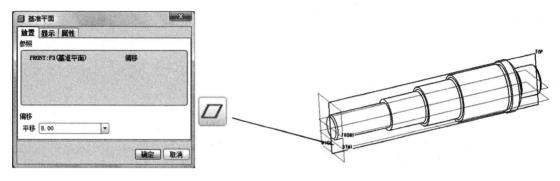

图 2-103　创建基准面

（4）创建左键槽

1）单击主窗右侧"草绘"按钮，弹出"草绘"对话框，在绘图界面中选中 DTM1 作为草绘基准平面，使用默认参照平面及方向，按"草绘"对话框中的"草绘"，则系统进入二维草绘模式。

2）如图 2-104 绘制左侧键槽的二维草图。草绘时，先通过"草绘"菜单下的"参照"菜单，添加最左侧端面为水平方向参照。然后单击右侧草绘工具条上的"确定"按钮。

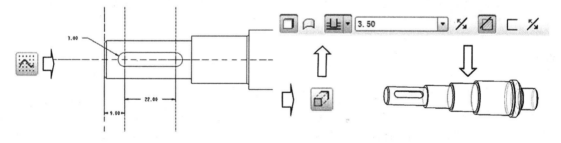

图 2-104　创建左侧键槽

3）在特征工具栏上单击"拉伸"按钮□→预览键槽的方向，如果方向相反则调整拉伸操控板上的"方向"按钮□→单击"切除"按钮□→接受操控板上的"拉伸到指定深度"按钮□→设置拉伸深度"3.5"→单击操控板右侧的"确定"按钮，完成左键槽的创建，如图 2-104 所示。

（5）创建基准面 DTM2。

单击工具栏上的"基准面"按钮□，弹出"基准平面"对话框→在图形显示区域中选取基准面 FRONT 作为放置参照→在对话框中的"偏移"下的"平移"右侧输入"15"→单击对话框中的"确定"按钮，完成基准面 DTM2 的创建，如图 2-105 所示。

（6）创建右键槽

1）单击主窗右侧"草绘"按钮，弹出"草绘"对话框，在绘图界面中选中 DTM2 作为草绘基准平面，按"草绘"对话框中的"草绘"按钮，系统进入二维草绘模式。

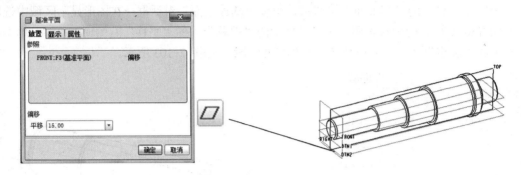

图 2-105　创建基准平面 DTM2

2）绘制如图 2-106 所示的右侧键槽的二维草图，其中需要通过"草绘"菜单下的"参照"功能，将图 2-106 右侧的垂直线添加为参照。完成后按右侧草绘工具条上的"确定"按钮 ✅。

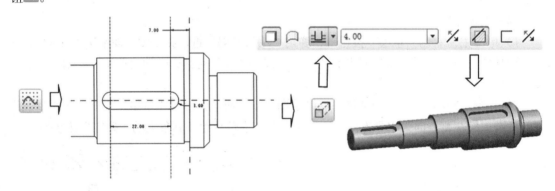

图 2-106　创建右侧键槽

3）在特征工具栏上单击"拉伸"按钮 → 预览键槽的方向，如果方向不正确则调整拉伸操控板上的方向按钮 → 单击"切除"按钮 → 设置拉伸深度"4"→ 单击主窗口右上方的"确定"按钮 ✅，完成右键槽的创建。如图 2-106 所示，完成阶梯轴的创建。

【例 2-4】　设计图 2-107 所示的水阀。

如图 2-107 所示的水阀是一种水管道连接件。本例中主要用到如下特征：拉伸、旋转\拔模、孔、筋、螺旋扫描、圆角、倒角。

1．设计思路

该水阀设计思路如图 2-107 所示。

2．设计步骤

（1）新建零件文件

1）单击工具栏中"新建"按钮 🗋，在弹出的 "新建"对话框中选择"零件"类型，并选"实体"为子类型，"名称"为"shuifa"，同时取消"使用缺省模板"复选框前的勾选。

2）在"新文件选项"对话框中选择"mmns_part_solid"选项，单击"确定"按钮进入零件设计模式。

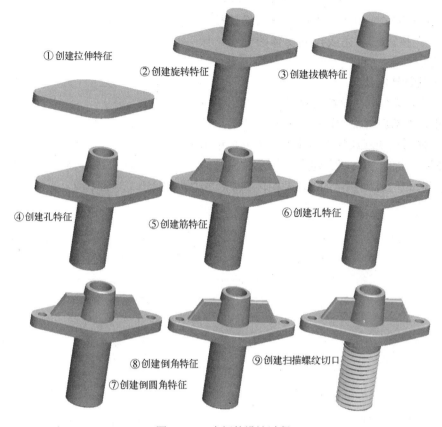

①创建拉伸特征
②创建旋转特征
③创建拔模特征
④创建孔特征
⑤创建筋特征
⑥创建孔特征
⑧创建倒角特征
⑦创建倒圆角特征
⑨创建扫描螺纹切口

图 2-107　水阀的设计过程

（2）创建拉伸特征

1）单击主窗右侧"草绘"按钮，弹出"草绘"对话框，在绘图界面中选中 TOP 作为草绘基准平面，使用默认的参照平面及方向，单击"草绘"对话框中的"草绘"，进入二维草绘模式。

2）绘制如图 2-108 所示的二维草图，然后单击右侧草绘工具条上的"确定"按钮。

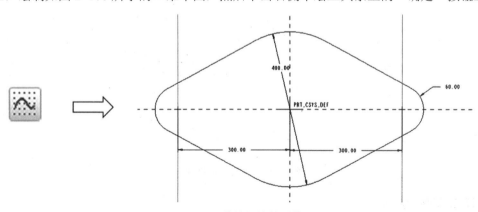

图 2-108　草绘拉伸截面草图

3）单击工具栏上的"拉伸"按钮→预览拉伸实体→接受操控板上的"拉伸到指定深

度"按钮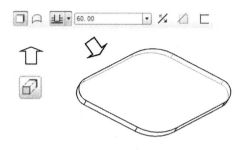→设置拉伸深度"60"→按操控板右侧的"确定"按钮✅，完成拉伸实体的创建，如图 2-109 所示。

（3）创建旋转实体

1）单击主窗右侧"草绘"按钮，弹出"草绘"对话框，在绘图界面中选中 FRONT 作为草绘基准平面，使用系统默认的参照平面及方向，单击"草绘"对话框中的"草绘"，进入二维草绘模式。

图 2-109　创建拉伸实体

2）绘制如图 2-110 所示的二维草图，完成后单击右侧草绘工具条上的"确定"按钮✅。

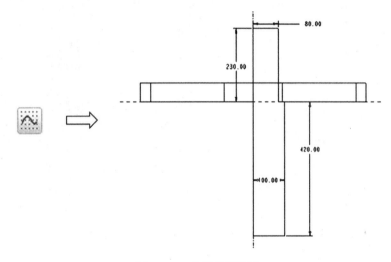

图 2-110　旋转截面草图

3）单击工具栏上的"旋转"按钮，其他使用系统默认值，单击操控板右侧的"确定"按钮✅，结果如图 2-111 所示。

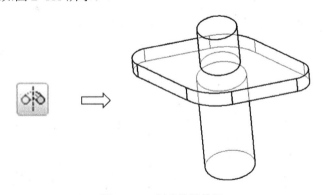

图 2-111　创建旋转特征

（4）创建拔模特征

单击工具栏上的"拔模"按钮，打开"拔模特征"操控板→单击操控板上的"参照"下的"拔模曲面"中的"选取项目"→选取上侧的圆柱面→单击"拔模枢轴"中的"单击此处添加项目"→ 选取圆柱的上底面→在拔模操控面板上的右侧的 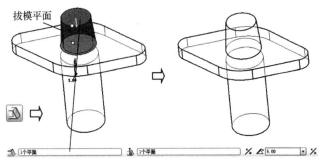 框内修改角度为 5°，并调整拔模方向→预览无误后按〈Enter〉键→单击操控板的"确定"按钮✓，即完成拔模特征的创建，如图 2-112 所示。

图 2-112　创建拔模特征

（5）创建孔特征

单击工具栏上的"孔"按钮▼→按住〈Ctrl〉键选择圆柱体上底面和中心轴，完成孔中心轴线的定位→单击操控板上"使用标准孔轮廓作为钻孔轮廓"按钮▣和"添加沉孔"按钮▥→单击操控面板上"形状"按钮→在弹出的上滑面板中设置孔特征的形状参数，如图 2-113 所示。

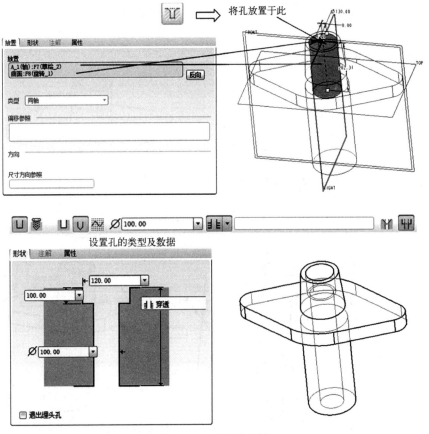

图 2-113　创建孔特征

（6）创建筋特征

1）单击主窗口右侧"草绘"按钮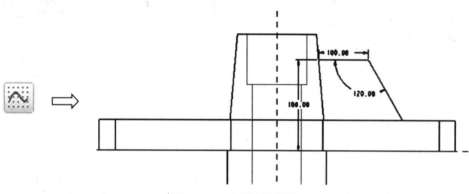，弹出"草绘"对话框，选中 FRONT 面作为草绘基准平面，使用默认参照平面及方向，按"草绘"对话框中的"草绘"，则系统进入二维草绘模式。

2）在草绘区域中绘制如图 2-114 所示的开放截面作为筋特征的外形轮廓后，单击右侧草绘工具条上的"确定"按钮✔，退出草绘器。注意以现有特征的边为参照进行绘制。

图 2-114　绘制筋板草图

3）单击主窗右侧"筋"按钮，即在图形显示区域中出现黄色箭头，如图 2-115 所示，调整箭头方向为筋产生方向（指向现有实体）即可预览筋特征。

4）在操控面板的厚度值中修改筋的厚度值为 35，按〈Enter〉键，单击图标板的确认✔按钮，即完成筋特征的创建。如图 2-115 所示。

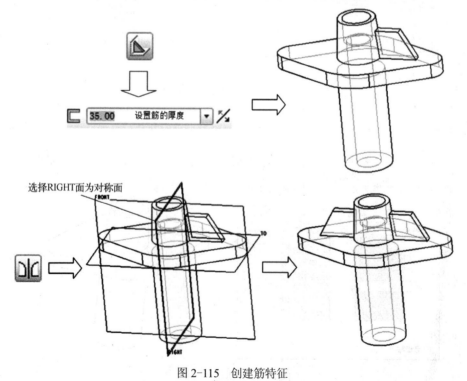

图 2-115　创建筋特征

5）选择刚创建的筋特征，单击右侧"镜像"按钮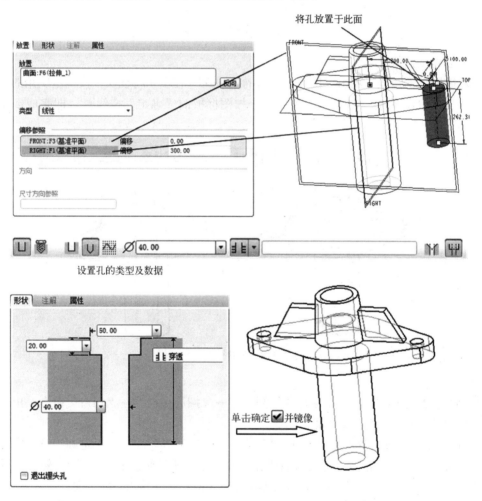，选择 RIGHT 基准平面为镜像平面，创建左侧筋特征。

（7）创建两小孔特征

1）单击工具栏上的"孔"按钮→选择拉伸实体的上表面，系统自动放置一圆孔→在孔特征操控面板上单击"放置"按钮，在打开"放置"滑面板上单击"偏移参照"中的"单击此处添加项目"，出现"选取两个项目"，在绘图区域中单击"RIGHT"基准面，同时按住〈Ctrl〉键选择"FRONT"基准面，更改"偏移参照"中的"偏移"右侧的数字为 300 和 0，则完成孔中心轴线的定位→单击操控板上"使用标准孔轮廓作为钻孔轮廓"按钮和"添加沉孔"按钮→单击操控板上"形状"按钮→在弹出的上滑面板中设置孔特征的形状参数，如图 2-116 所示。设置完成后单击"确定"按钮，完成一侧小孔的创建。

2）使用镜像功能，创建另一侧小孔，结果如图 2-116。

设置孔的类型及数据

单击确定并镜像

图 2-116　创建小孔

（8）创建圆角特征

单击倒圆角工具的按钮→按住〈Ctrl〉键依次选取欲倒圆角的边线，即可在屏幕上预览圆角→在倒圆角特征操控板修改圆角半径值为 9→单击图标板右侧的"确定"按钮☑，完成圆角的创建，如图 2-117 所示。

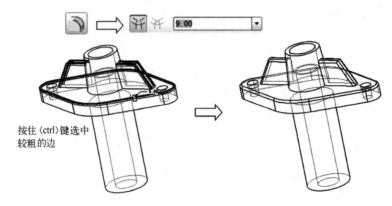

图 2-117　创建圆角特征

（9）创建倒角特征

选取欲倒角的边线→单击"倒角"工具的按钮🔧→在倒角特征操控板确定倒角的尺寸标注方式为 45×D，并修改倒角的数值为 5→按图标板的"确定"按钮☑，即完成倒角的创建，如图 2-118 所示。

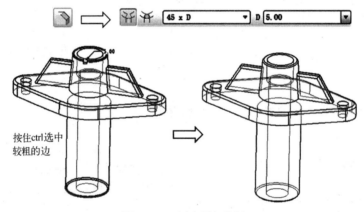

图 2-118　创建倒角特征

（10）创建螺纹

1）如图 2-119 从下拉式菜单选择"插入"→"螺旋扫描"→"切口"命令，出现"切口：螺旋扫描"和"属性"菜单管理器。

2）在"属性"菜单管理器中选择 "常数"→"穿过轴"→"右手定则"→"完成"选项（代表螺纹的节距为常数、螺旋截面所在的平面通过旋转轴、右旋螺纹），然后接受系统默认的"新设置"→"平面"选项，选择基准平面 FRONT 面作为草绘平面。

3）在弹出的"方向"菜单中选择"正向"选项，出现"草绘视图"子菜单，选择"缺省"（默认），进入草绘器。

4）绘制如图 2-119 所示的旋转中心线和螺旋体的外型线后，按右侧草绘工具条上的"确定"按钮☑，退出草绘器。

5）出现"输入节距"的"消息输入窗口"对话框，在对话框中输入螺纹的节距 25 后单击"确定"按钮☑。

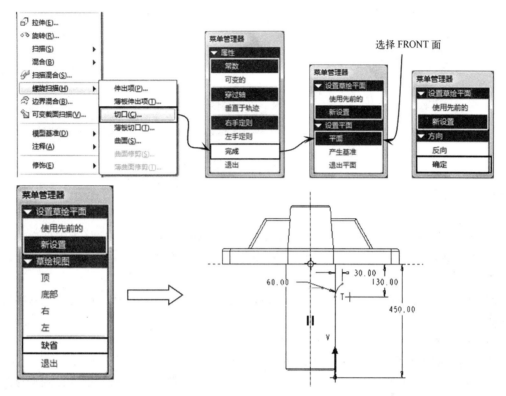

图 2-119　插入扫描特征

6）绘制如图 2-120 所示的三角形螺纹的截面后，单击右侧草绘工具条上的"确定"按钮☑，退出草绘器。

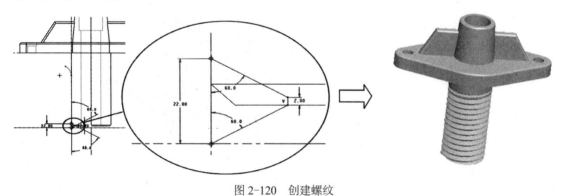

图 2-120　创建螺纹

7）单击"伸出项：螺旋扫描"对话框上的"确定"按钮完成实体螺旋扫描特征的创建。结果如图 2-120 所示。

【例 2-5】　设计图 2-121 所示的弹簧。

弹簧得到广泛的应用，图 2-121 即常见的拉伸弹簧。本例设定弹簧的主要参数为：弹簧原长 $L=70$，直径 $D=30$，弹簧钢丝截面直径 $d=4$，节距 $P=4$。完成本例用到扫描特征、旋转扫描特征、基准特征等。

1．设计思路

设计思路如图 2-121 所示。

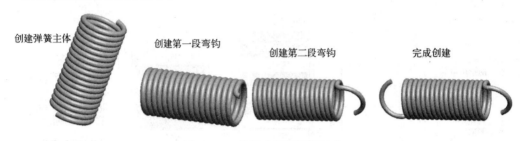

创建弹簧主体　　创建第一段弯钩　　创建第二段弯钩　　完成创建

图 2-121　拉伸弹簧的设计思路

2．设计步骤

（1）新建零件文件

1）单击工具栏中"新建"按钮 □，在弹出的 "新建"对话框中选择"零件"类型，并选"实体"为子类型，"名称"为"tanghuang"，同时取消"使用缺省模板"复选框前的勾选。

2）在"新文件选项"对话框中选择"mmns_part_solid"选项，按"确定"进入零件设计模式。

（2）创建螺旋扫描特征（见本书章节 2.2.7）

（3）创建基准平面 DTM1 和基准轴 A_1

1）单击工具栏上的"基准面"工具按钮 □，出现"基准平面"对话框→在图形显示区域中选取基准面 RIGHT 作为放置参照→在对话框中的"偏移"下的"平移"框中输入"15"→单击对话框中的"确定"按钮，完成基准面 DTM1 的创建，如图 2-122 所示。

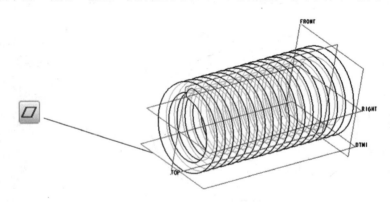

图 2-122　创建基准平面 DTM1

2）单击工具栏上的"基准轴"工具按钮 ⁄，出现"基准轴"对话框→按住〈Ctrl〉键在图形显示区域中选取基准面 RIGHT 和 TOP 为"穿过"参照→单击对话框中的"确定"按钮，完成基准轴 A_1 的创建，如图 2-123 所示。

（4）创建弯钩

1）单击主窗右侧"草绘"工具按钮 ⬈，弹出"草绘"对话框，在绘图界面中选中

DTM1 作为草绘基准平面，使用默认参照平面及方向，按"草绘"对话框中的"草绘"，则系统进入二维草绘模式。

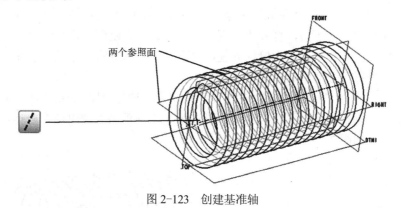

图 2-123　创建基准轴

2）用户绘制如图 2-124 所示实体的弯钩草绘截面，圆弧半径为 4，单击"确定"按钮 ✔，完成弯钩的草绘，退出草绘器。

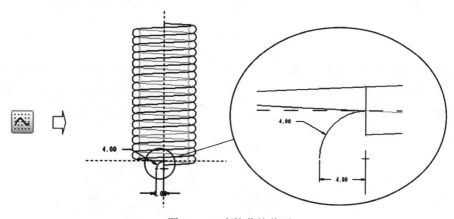

图 2-124　弯钩草绘截面

3）从下拉式菜单选择"插入"→"扫描"→"伸出项"命令，出现"伸出项：扫描"和"扫描轨迹"菜单管理器，如图 2-125 所示。

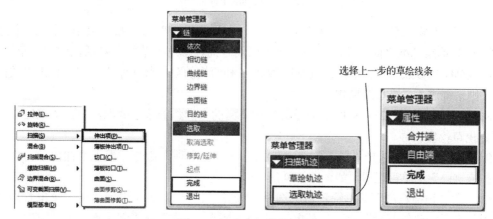

图 2-125　定义扫描特征轨迹

4）在"扫描轨迹"菜单管理器中选择"选取轨迹"命令，出现"链"菜单管理器，单击上一步所创建的草绘图形，在菜单管理器中执行"依次"→"起始点"→"接受"→"完成"→"自由端点"→"完成"命令，完成扫描轨迹及属性的定义。（注：插入扫描特征时，执行"起始点"命令后，打开"选取"对话框，查看绘图区标记的点是否为所需的起始点，若不是所需的起始点，右击鼠标并使用"下一个"命令将起始点在各端点间转换至所需的点后再继续执行"接受"命令。）

5）单击草绘工具栏的"通过边创建图元"按钮▣→选择如图 2-126 所示的弹簧钢丝的圆形截面→单击"确定"按钮✔，完成扫描截面的定义→单击"伸出项"对话框的"确定"按钮，完成扫描，如图 2-126 所示。

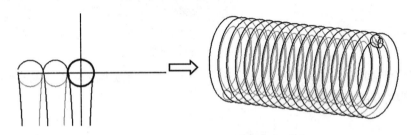

图 2-126　定义扫描截面

6）创建基准平面 DTM2。单击工具栏上的"基准面"工具按钮◢，出现"基准平面"对话框→在图形显示区域中选取基准轴 A_1 和弯钩的草绘截面圆弧的圆心作为放置参照→单击对话框中的"确定"按钮，完成基准面 DTM2 的创建，如图 2-127 所示。

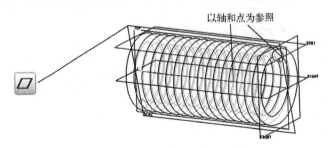

图 2-127　创建基准平面 DTM2

7）单击主窗右侧"草绘"工具按钮▨，弹出"草绘"对话框，在绘图界面中选中DTM2 作为草绘基准平面，使用默认参照平面及方向，单击"草绘"对话框中的"草绘"，此时出现草绘"参照"对话框，选择基准轴 A_1 和弯钩的草绘截面作为参照，单击"关闭"按钮，则系统进入二维草绘模式。

8）用户绘制如图 2-128 所示的弹簧弯钩下面的大圆弧的草绘截面，单击"确定"按钮✔，退出草绘器。

9）从下拉式菜单选择"插入"→"扫描"→"伸出项"命令，出现"伸出项：扫描"和"扫描轨迹"菜单管理器，如图 2-129 所示。

10）在"扫描轨迹"菜单管理器中选择："选取轨迹"命令，出现"链"菜单管理器，单击上一步所创建的草绘图形，在菜单管理器中执行"依次"→"起始点"→"接受"→

"完成"→"自由端点"→"完成"命令，完成扫描轨迹及属性的定义。

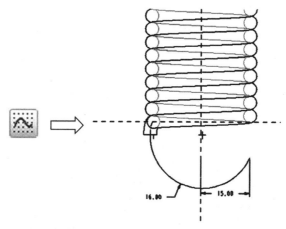

图 2-128　绘制弹簧弯钩下面的大圆弧

图 2-129　插入扫描特征

11）单击草绘工具栏的"通过边创建图元"按钮▣→选择如图 2-130 所示的上一步创建的弯钩的截面圆→单击"确定"按钮✓，完成扫描截面的定义→单击"伸出项"对话框的"确定"按钮，完成扫描，如图 2-130 所示。

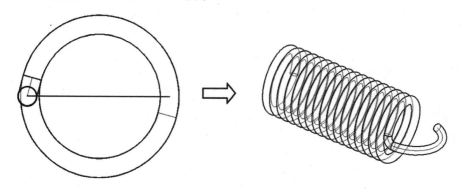

图 2-130　完成扫描特征

（5）创建另一端弯钩

以弹簧另一端为基准，重复上述步骤，在另一端创建相同的弯钩，便完成了弹簧模型的创建，创建的弹簧如图 2-131 所示。

【例 2-6】 设计图 2-132 所示的六角头螺栓。

六角头螺栓被广泛地运用于各零件的连接中，本例所创建的螺纹种类为普通螺纹，牙型为三角形，其主要参数为：螺纹公称直径 20，螺距 P=2.5。本例完成后，用户将对下列特征操作有更进一步的了解：拉伸特征的创建、旋转特征的创建、螺旋扫描的切口特征、倒角特征的创建。

图 2-131 完成后的弹簧模型

1．设计思路

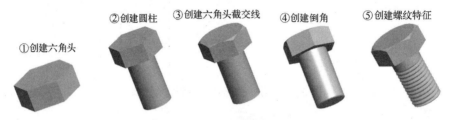

①创建六角头　②创建圆柱　③创建六角头截交线　④创建倒角　⑤创建螺纹特征

图 2-132 六角头螺栓的设计思路

2．设计步骤

（1）新建零件文件

1）单击工具栏中"新建"按钮 🗋，在弹出的 "新建"对话框中选择"零件"类型，并选"实体"为子类型，"名称"为"luoshuan"，同时取消"使用缺省模板"复选框前的勾选。

2）在"新文件选项"对话框中选择"mmns_part_solid"选项，按"确定"进入零件设计模式。

（2）使用拉伸特征创建六角头

1）单击主窗右侧"草绘"工具按钮 🗠，弹出"草绘"对话框，在绘图界面中选中 TOP 作为草绘基准平面，使用默认参照平面及方向，单击"草绘"对话框中的"草绘"，则系统进入二维草绘模式。

2）单击工具栏上的"调色板"按钮 🗔后出现"草绘器调色板"对话框→在对话框中选择"多边形"选项卡→选取"六边形"后双击"六边形"，对话框的窗口中可以预览选择的图形→将鼠标移到绘图区域，此时鼠标的下方依附着"+"符号，在指定位置单击，则将图形添加到此处，如图 2-133 所示→在添加"六边形"的同时弹出 "移动和调整大小"对话框→在对话框中设定缩放比例为 17.5（六角头的对角长度的一半）和旋转角度 0°→单击"确定"按钮 ✓ 退出对话→单击"重合"约束按钮 ⊙，将六角头的中心约束到坐标原点→单击"确定"按钮 ✓退出草绘器。

3）单击工具栏上的"拉伸"工具按钮 🗗→接受操控板上的"拉伸到指定深度"按钮 ⊥→设置拉伸深度"12.5"→单击拉伸操控板右侧的"确定"按钮 ✓，完成拉伸六角头的创建，如图 2-133 所示。

（3）使用旋转特征创建螺杆

1）单击工具栏上的"旋转"工具按钮 ⊗→单击旋转操控板上的"放置"→出现"草绘"

"选取一个项目",单击右侧的"定义"按钮→弹出"草绘"对话框,在绘图界面中选中 FRONT 作为草绘基准平面,使用默认参照平面及方向,单击"草绘"对话框中的"草绘",则系统进入二维草绘模式。

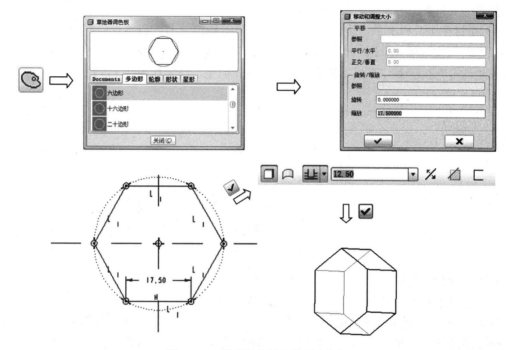

图 2-133   利用调色板拉伸螺栓头部

2)绘制如图 2-134 所示的旋转中心线与矩形,矩形的宽为 10(D/2),长 35,单击"确定"按钮✔,退出草绘器。

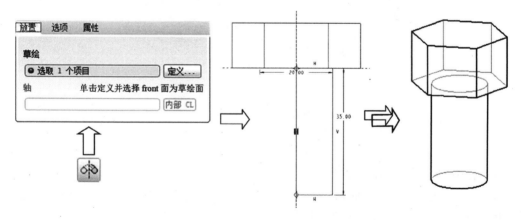

图 2-134   旋转产生螺杆圆柱

3)在"旋转"操控板中接受旋转角度 360°(系统默认),按主窗口右上方的"确定"按钮✔,完成螺杆的创建,结果如图 2-134 所示。

(4)使用旋转切除特征创建六角头上的截交线

1)单击主窗右侧草绘工具按钮,弹出"草绘"对话框,在绘图界面中选中 RIGHT 作为草绘基准平面（选经过六边形的对边中点所在的平面作为草绘平面），使用默认参照平面及方向，按"草绘"对话框中的"草绘"，则系统进入二维草绘模式。

2）绘制如图 2-135 所示的 30°角的直角三角形和一条垂直中心线的二维草图，然后单击右侧草绘工具条上的"确定"按钮 ✓。

3）在特征工具栏上单击旋转工具按钮 ⟳→预览切口方向，如不正确则调整拉伸操控板上的"方向"按钮 ⚑→单击"切除"按钮 ⊘→使用系统默认的旋转角度 360°，按主窗口右上方的"确定"按钮 ✓，完成六角头上的截交线的创建，结果如图 2-135 所示。

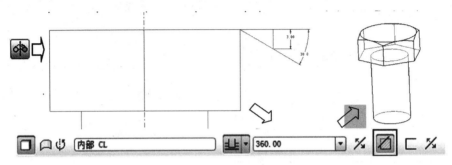

图 2-135　切出 30°锥面

（5）创建倒角特征

选取螺杆圆柱的底端的圆周作为倒角的边线→单击"倒角"工具的按钮 ⬦，即可在屏幕上预览倒角→在倒角特征操控板确定倒角的尺寸标注方式为 45×D，并修改倒角的数值为 0.5→单击图标板的"确定"按钮，即完成倒角的创建，如图 2-136 所示。

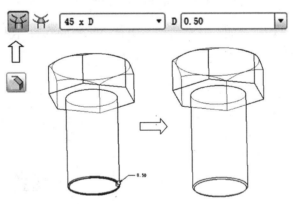

图 2-136　创建倒角特征

（6）使用螺旋扫描特征创建螺纹

1）从下拉式菜单选择"插入"→"螺旋扫描"→"切口"命令，出现"切口：螺旋扫描"和"属性"菜单管理器，如图 2-137 所示。

2）在"属性"菜单管理器中选择 "常数"→"穿过轴"→"右手定则"→"完成"命令（代表螺纹的节距为常数、螺旋截面所在的平面通过旋转轴、右旋螺纹），然后接受系统默认的"新设置"→"平面"命令，选择基准平面 FRONT 面作为草绘平面。

3）在弹出的"方向"菜单中选择"正向"命令，出现"草绘视图"子菜单，选择"缺省"（默认）命令，进入草绘器。

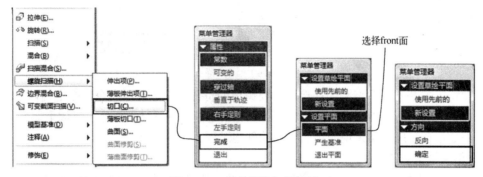

图 2-137 插入螺旋扫描特征

4）绘制如图 2-138 所示的旋转中心线和螺旋体的外型线，并用约束命令 ⊙ 将螺旋体外型线约束到螺杆外圆柱轮廓线上，单击右侧草绘工具条上的"确定"按钮 ✔，退出草绘器。

5）弹出"输入节距"的"消息输入窗口"对话框，在对话框中输入螺纹的节距 2.5 后单击"确定"按钮 ✔。

6）绘制如图 2-139 所示的三角形螺纹的截面后，单击右侧草绘工具条上的"确定"按钮 ✔，退出草绘器。

7）单击"伸出项：螺旋扫描"对话框上的"确定"按钮完成螺纹的创建。结果如图 2-139 所示。

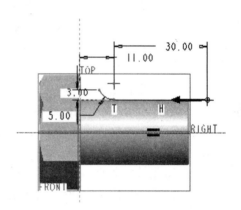

图 2-138　草绘螺纹扫描轨迹

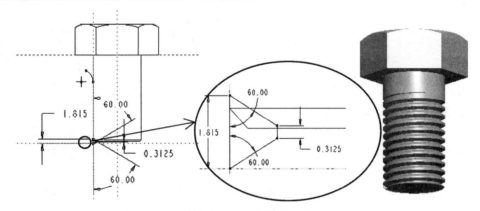

图 2-139　创建螺纹特征

2.4　特征的编辑与更改

2.4.1　镜像

对于对称结构的零件，可以先创建其一半特征，甚至 1/4 特征，然后采用镜像功能产生对称的部分，其操作既简单又实用，如图 2-140 所示。

图 2-140　镜像特征

镜像特征的基本操作步骤为：选取需要镜像的特征，下达镜像命令，指定镜像平面。若模型中现有的平面不能满足镜像的要求，可以重新创建一个基准平面作为镜像平面。

下面通过创建底板实体说明镜像特征的创建过程。

1. 新建模型文件

1）单击工具栏中"新建"按钮 ，在弹出的"新建"对话框中选择"零件"类型，并选"实体"为子类型，"名称"为"jingxiang"，同时取消"使用缺省模板"复选框前的勾选。

2）在"新文件选项"对话框中选择"mmns_part_solid"选项，单击"确定"按钮进入零件设计模式。

2. 创建底板右侧实体

1）单击主窗右侧"草绘"工具按钮 ，弹出"草绘"对话框，在绘图界面中选中 TOP 作为草绘基准平面，使用默认参照平面及方向，单击"草绘"对话框中的"草绘"，进入二维草绘模式。

2）绘制底板的二维草图，然后单击右侧草绘工具条上的"确定"按钮 。

3）单击工具栏上的"拉伸"工具按钮 ，在"拉伸"操控板中输入拉伸深度 25，按主窗口右上方的"确定"按钮 ，结果见图 2-141。

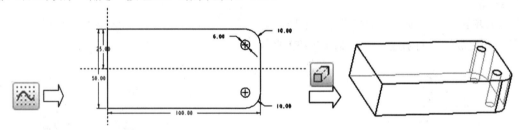

图 2-141　创建底板拉伸特征

3. 镜像底板右侧实体到左侧

选取所要镜像的部分后→单击主窗右侧"镜像"工具按钮 →选择左右对称面的 RIGHT 基准面作为镜像平面→按主窗口右上方的"确定"按钮 ，完成底板镜像特征的创建，如图 2-142 所示。

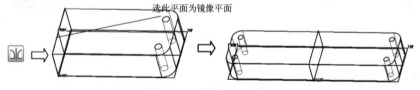

图 2-142　镜像创建底板

注：镜像功能也可以针对某一（些）特征（如切口、孔、倒角等）进行。

2.4.2　阵列

阵列特征是指根据一个原始特征，进行有规律的复制，在建模设计中非常有用，可以将指定的特征按照阵列布局一次完成。

欲使用阵列进行特征（或特征组）复制时，首先选取特征（或特征组），然后单击主窗口右侧"阵列"工具的按钮，再在图标板上按需要选取不同的阵列方式进行阵列。特征阵列方式有"尺寸"、"方向"、"轴"、"表"、"参照"、"填充"、"曲线"、"Point" 8 种，如图 2-143 所示。

图 2-143　阵列方式

下面介绍其中几种较常用的阵列方式。

1. 尺寸阵列

尺寸阵列是以尺寸的变化来进行特征（或特征组）的复制，如图 2-144 所示，欲在一个 $120 \times 90 \times 15$ 的平板上复制直径为 $\Phi 12$ 的圆孔，圆孔的位置尺寸为 16 及 15，先选取此圆孔，单击"阵列"工具按钮→点选 16 为第一方向的可变尺寸，设置增量为 20，成员数为 5，同时按住〈Ctrl〉键，点选 15 为第二方向的可充尺寸，设置增量为 18，成员数为 4→则可得到如图 2-144 所示的 20 个圆孔。

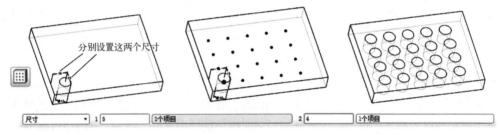

图 2-144　参照尺寸阵列特征

2. 轴阵列

轴阵列是将特征（或特征组）绕着一个轴旋转，使阵列的特征（或特征组）绕着此轴分布，如图 2-145 所示。

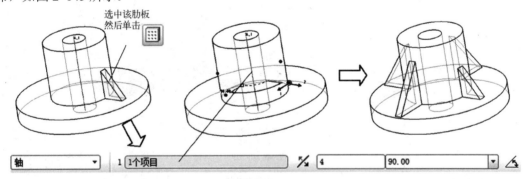

图 2-145　参照轴阵列特征

3. 填充阵列

填充阵列是在进行阵列操作前，先绘制一个二维草图，然后令阵列的特征分布在此草图区域内，如图 2-146 所示。

4. 曲线阵列

曲线阵列是在进行阵列操作前，先绘制一条二维曲线，然后令特征沿此曲线分布，如图 2-147 所示。

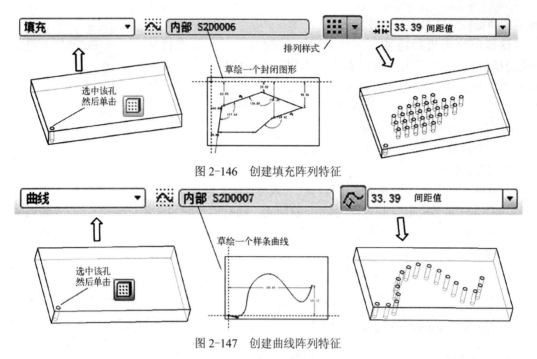

图 2-146　创建填充阵列特征

图 2-147　创建曲线阵列特征

5．螺旋阵列

螺旋阵列是对尺寸阵列和方向阵列进行组合而成的特殊阵列，如旋转阶梯。方法是先在尺寸阵列中确定角度的增量，进而在方向阵列中确定螺旋的轴向并确定数量，如图 2-148 所示。

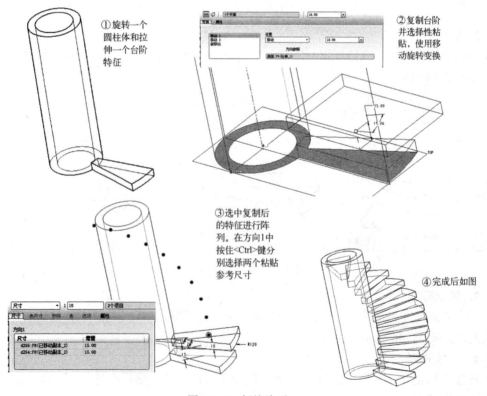

图 2-148　螺旋阵列

2.4.3　特征的插入

在零件设计的过程中，有时可能需要在已创建的特征间插入一个或多个新特征，这就需要使用特征插入功能，特征插入功能允许用户在创建的特征前面根据需要再添加某些细节特征，以完善设计内容。

直接在模型树中拖动 ➜ 在此插入 图标就可以完成特征的插入操作，如图 2-149 所示，在模型树中有一个 ➜ 在此插入 图标，表示当前模型的插入点。一般情况下，➜ 在此插入 图标位于模型树的最下端，用户可以用鼠标左键按住该图标后，将其拖动到模型树的任意一个位置。此时，➜ 在此插入 图标以后的所有特征的名称前都会加上■符号，如图 2-149 所示，将 ➜ 在此插入 从模型树的最下端拖到了 拉伸1 倒圆角1 下方，➜ 在此插入 图标后的所有特征都自动隐含。完成插入特征操作后再将 ➜ 在此插入 拖回原处。

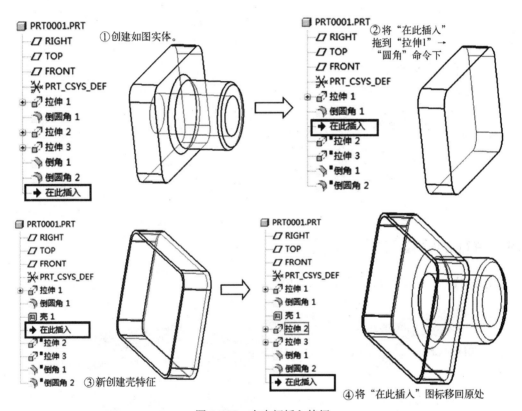

图 2-149　在中间插入特征

注：用户也可以拖动特征调整创建顺序。有父子关系时不能随便改变顺序。

2.4.4　特征的编辑

在模型树中右击某一特征，从弹出的菜单中选择"编辑"命令。此时在图形显示区中会显示该特征的尺寸，双击某尺寸，可对其进行更改。单击工具栏"再生"按钮，使更改生效。

如图 2-150 所示过程即特征的编辑操作过程。

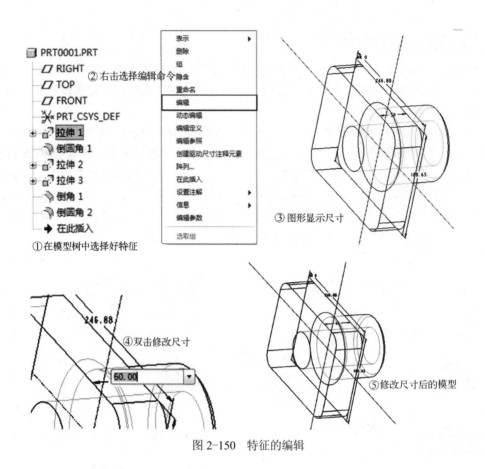

图 2-150　特征的编辑

2.5　特征的编辑与更改实例

【例 2-7】　完成图 2-151 中两种梳子的模型。

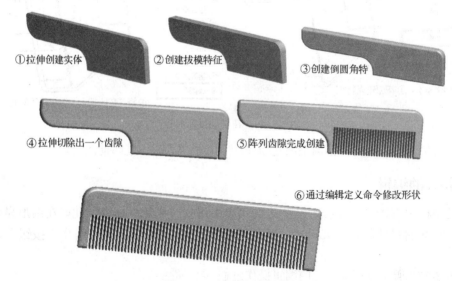

① 拉伸创建实体

② 创建拔模特征

③ 创建倒圆角特

④ 拉伸切除出一个齿隙

⑤ 阵列齿隙完成创建

⑥ 通过编辑定义命令修改形状

图 2-151　梳子的设计过程

本例主要用到拉伸特征、圆角特征、镜像特征、拔模特征、特征的阵列及编辑修改。

1．设计思路

设计思路如图 2-151 所示。

2．设计步骤

（1）新建零件文件

1）单击工具栏中"新建"按钮 ，在弹出的 "新建"对话框中选择"零件"类型，并选择"实体"为子类型，"名称"为"shuzi"，同时取消"使用缺省模板"复选框前的勾选。

2）在"新文件选项"对话框中选择"mmns_part_solid"选项，按"确定"进入零件设计模式。

（2）创建拉伸特征

1）单击主窗右侧"草绘"工具按钮 ，弹出"草绘"对话框，在绘图界面中选中 TOP 作为草绘基准平面，使用默认参照平面及方向，单击"草绘"对话框中的"草绘"， 则系统进入二维草绘模式。

2）绘制如图 2-152 所示的二维草图，然后单击右侧草绘工具条上的"确定"按钮 。

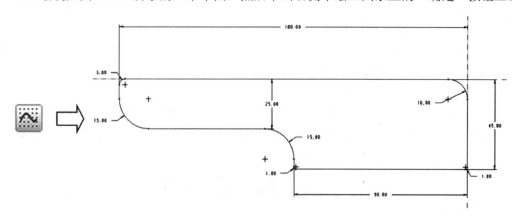

图 2-152　二维草绘图

3）单击工具栏上的"拉伸"工具按钮 后→预览拉伸实体→接受操控板上的"拉伸到指定深度"按钮 →设置拉伸深度"6"→按主窗口右上方的"确定"按钮 ，完成拉伸实体的创建，如图 2-153 所示。

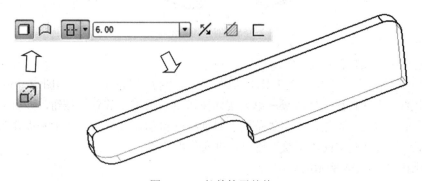

图 2-153　拉伸梳子基体

（3）创建拔模特征

1）选中如图 2-154 所示的侧面作为拔模面。单击主窗右侧"拔模"按钮。单击拔模操控面板上的 右侧的"单击此处添加项目"，选取梳子前侧面作为拔模枢轴，选中的面会变成黄色，此时可在屏幕上预览拔模斜面和角度。

2）在拔模操控面板上的右侧的 框内修改角度（本题修改为 2°），然后按〈Enter〉键，按图标板的"确定"按钮，即完成拔模特征的创建，如图 2-154 所示。

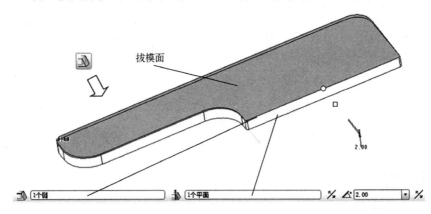

图 2-154　创建拔模特征

按同样方法创建另一侧面的拔模斜度。

（4）创建圆角特征

单击"倒圆角"工具的图标→从梳子上选取四周边线即可在屏幕上预览圆角→在倒圆角特征操控板上修改圆角半径值为 2.5→单击图标板的"确认"按钮，即完成圆角的创建。如图 2-155 所示。

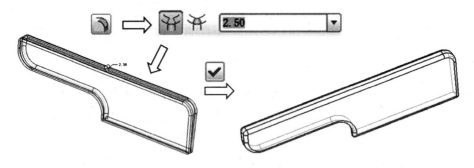

图 2-155　创建到圆角特征

（5）创建拉伸减材料特征

1）单击工具栏上的"拉伸"工具按钮，打开"拉伸"操控板。如图 2-156 所示。单击操控板上的"去除材料"按钮→单击实体按钮后单击"放置"按钮，在打开的放置上滑面板中单击"定义"按钮，弹出"草绘"对话框→自动，选择梳子的上平面作为草绘平面→单击"草绘"对话框中的"草绘"按钮，进入草绘环境。

2）绘制如图 2-156 所示的草图。

3）选择操控板上的"拉伸方式"下拉菜单中的穿透图标，单击主窗口右上方的"确定"按钮☑，结果见图 2-156。

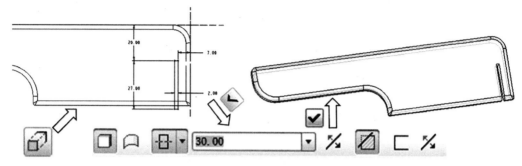

图 2-156　创建一个齿

（6）阵列梳子齿

在模型树中选择上面刚创建的拉伸减材料特征（齿）→单击阵列工具图标▦→在阵列操控板上选择"方向"阵列方式→在模型上选择如图 2-157 所示的边线作为阵列方向参照→在操控板上设置第一方向阵列数为"32"，阵列间距为"2.5"，然后单击主窗口右上方的"确定"按钮☑，结果如图 2-157 所示。

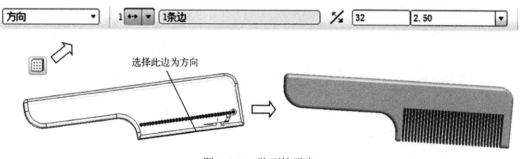

图 2-157　阵列梳子齿

（7）通过编辑定义命令修改尺寸

1）在模型树中选中第一个拉伸的草绘，右击在弹出的菜单中选择"编辑定义"选项，将草绘修改为图 2-158 所示，然后单击右侧草绘工具条上的"确定"按钮☑。

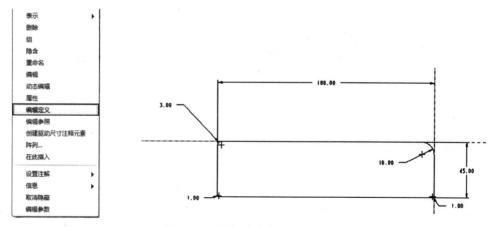

图 2-158　编辑定义修改梳子外形

2）在模型树中选中阵列特征，在右击出现的菜单中选择"编辑定义"选项，将阵列数量改为66，然后单击主窗口右上方的"确定"按钮 ✔，结果如图2-159所示。

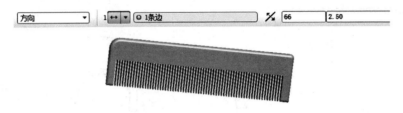

图2-159 编辑修改定义后的梳子

【例2-8】 设计图2-160所示的三通接头。

本例创建的如图2-160所示的三通接头是一种管道连接件。常用于各种液体和气体管道连接，该三通接头除了使用基准特征外，还使用了拉伸特征、旋转特征、螺旋扫描特征、组特征镜像等。

1. 设计思路

设计思路如图2-160所示。

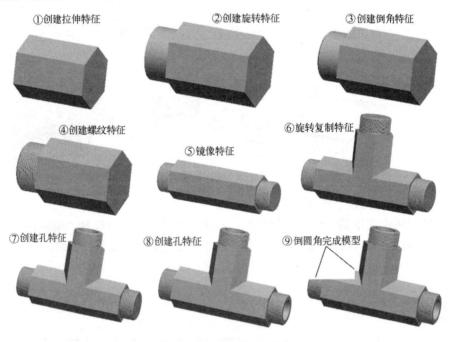

图2-160 三通接头的设计

2. 设计步骤

（1）新建零件文件

1）单击工具栏中"新建"按钮 📄，在弹出的 "新建"对话框中选择"零件"类型，并选"实体"为子类型，"名称"为"stjt"，同时取消"使用缺省模板"复选框前的勾选。

2）在"新文件选项"对话框中选择"mmns_part_solid"选项，单击"确定"进入零件设计模式。

（2）创建拉伸特征

1）单击主窗右侧"草绘"工具按钮，弹出"草绘"对话框，在绘图界面中选中 TOP 作为草绘基准平面，使用默认参照平面及方向，单击"草绘"对话框中的"草绘"，则系统进入二维草绘模式。

2）单击"调色板"按钮→出现调色板对话框，双击对话框中"多边形"下的"六边形"，在草图绘图区域中绘制六边形，并使六边形的边长为 40→然后按右侧草绘工具条上的"确定"按钮。

3）单击工具栏上的"拉伸"工具按钮后→预览拉伸实体→接受操控板上的"拉伸到指定深度"→设置拉伸深度"100"→按主窗口右上方的"确定"按钮，完成拉伸实体的创建，如图 2-161 所示。

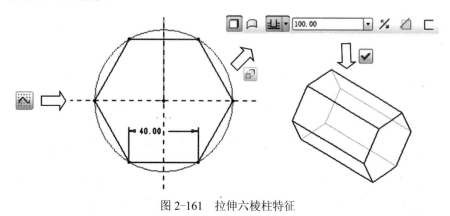

图 2-161　拉伸六棱柱特征

（3）创建旋转实体

1）单击主窗右侧草绘工具按钮，弹出"草绘"对话框，在绘图界面中选中 RIGHT 作为草绘基准平面，使用默认参照平面及方向，单击"草绘"对话框中的"草绘"，则系统进入二维草绘模式。

2）绘制中心线及长 30、宽 30 的矩形及 2×1.5 的槽，然后单击右侧草绘工具条上的"确定"按钮，如图 2-162 所示。

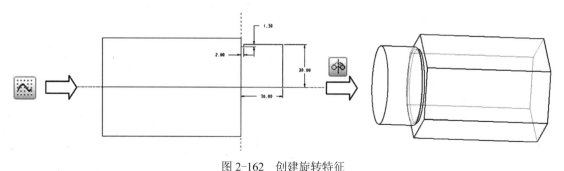

图 2-162　创建旋转特征

3）单击工具栏上的"旋转"工具按钮后，按住鼠标滚轮，移动鼠标即可在界面内预览实体的几何形状。

4）在"旋转"操控板中输入旋转角度为 360°（系统默认），按主窗口右上方的"确定"按钮，结果如图 2-162 所示。

（4）创建倒角特征

选择圆柱体外侧边线→单击"倒角"工具的按钮![icon]，即可在屏幕上预览倒角→在倒角特征操控板确定倒角的尺寸标注方式 D×D，并在屏幕上修改倒角的数值为 2→单击图标板的"确认"按钮![icon]，即完成倒角的创建，如图 2-163 所示。

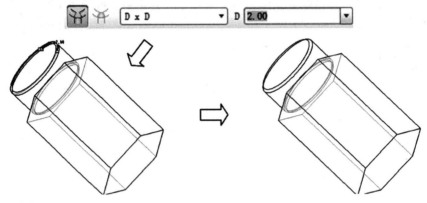

图 2-163　创建倒角特征

（5）使用螺旋扫描特征创建螺纹

1）从下拉式菜单选择"插入"→"螺旋扫描"→"切口"命令，出现"切口：螺旋扫描"和"属性"菜单管理器。

2）在"属性"菜单管理器中选择 "常数"→"穿过轴"→"右手定则"→"完成"命令（代表螺纹的节距为常数、螺旋截面所在的平面通过旋转轴、右旋螺纹），然后接受系统默认的"新设置"→"平面"命令，选择基准平面 RIGHT 面作为草绘平面。

3）在弹出的"方向"菜单中选择"正向"命令，出现"草绘视图"子菜单，选择"缺省"（默认）命令，进入草绘器。

4）绘制如图 2-164 所示的旋转中心线和螺旋体的外型线，并用约束命令![icon]将螺旋体外型线约束到螺杆外圆柱轮廓线上，单击右侧草绘工具条上的"确定"按钮![icon]，退出草绘器。

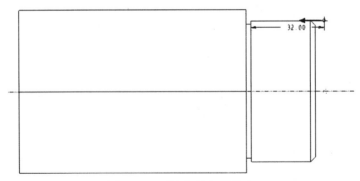

图 2-164　定义螺旋扫描轨迹

5）出现"输入节距"的"消息输入窗口"对话框，在对话框中输入螺纹的节距 2.5 后单击"确定"按钮![icon]。

6）绘制如图 2-165 所示的三角形螺纹的截面后，按右侧草绘工具条上的"确定"按钮![icon]，退出草绘器。

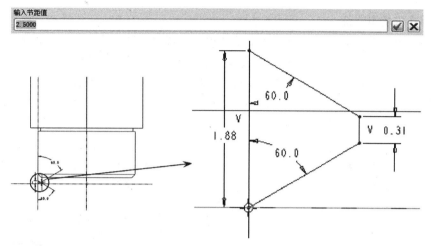

图 2-165　螺旋扫描截面

7）单击"伸出项：螺旋扫描"对话框上的"确定"按钮完成螺纹的创建。

（6）创建基准轴 A_2

1）单击工具栏上的"创建基准轴"工具按钮后→系统弹出基准轴对话框→按住〈Ctrl〉键，选取 RIGHT 面和六棱柱的端面→单击"确定"按钮，完成基准轴 A_2 的创建。如图 2-166 所示。

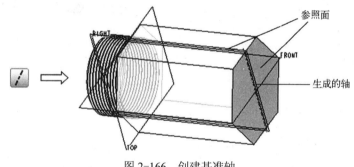

图 2-166　创建基准轴

2）按住〈Ctrl〉键，在模型树中选取创建的除基准轴外的全部特征，然后单击右键，在弹出的菜单中选择"组"命令，创建组特征。

3）选择刚创建的组→单击主窗右侧"镜像"工具按钮→选择六棱柱的侧面作为镜像平面→按主窗口右上方的"确定"按钮，完成组镜像特征的创建，结果如图 2-167 所示。

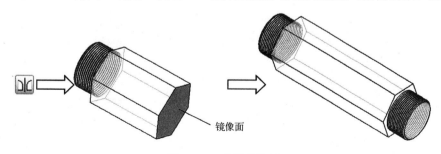

图 2-167　镜像组特征

（7）创建旋转组特征

选择主菜单上的"编辑"命令，在下拉菜单中选择"特征操作"命令，如图 2-168 弹出"菜单管理器"，选择"复制"命令，在复制特征菜单里选择"移动"、"选取"、"独立"命令，单击"完成"按钮，系统弹出选取特征菜单提示选择要移动的特征，在模型树显示栏中选择"组"特征，单击选取菜单对话框中的"确定"按钮，完成特征选取。单击选取特征菜单管理器中的"完成"，系统弹出移动特征菜单管理器，执行"旋转"、"曲线/边/轴"命令，在模型树中选取轴 A_2，单击菜单管理器中的"正向"，在操控板中输入旋转角度为 90，单击移动特征菜单管理器中的"完成移动"，如图 2-168 所示。单击菜单管理器中的"完成"按钮，单击组元素对话框中的"确定"按钮，完成创建旋转特征操作。

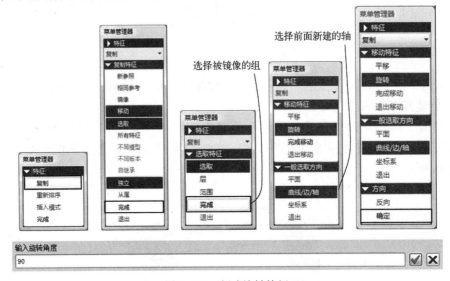

图 2-168 创建旋转特征

（8）创建孔特征

1）单击工具栏上的"孔"工具按钮 → 按住〈Ctrl〉键选择圆柱体上底面及对应的几何轴，即可预览圆孔的大小和位置，则完成孔中心轴线的定位，输入孔的直径为 Φ40，深度为选择 后再选择"RIGHT"平面为指定平面，单击"确定"按钮 完成竖孔的创建，如图 2-169 所示。

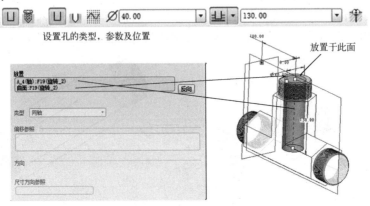

图 2-169 创建盲孔

2）单击工具栏上的"孔"工具的按钮 ⓤ→按住〈Ctrl〉键选择圆柱体侧面和圆柱轴，则完成孔中心轴线的定位，输入孔的直径为 $\Phi 40$，深度选择 ⚓，单击"确定"按钮 ✔，如图 2-170 所示，完成通孔的创建。

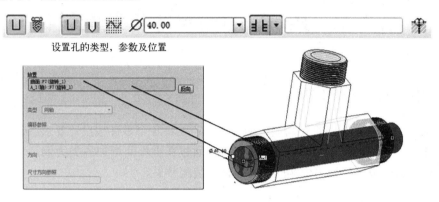

图 2-170　创建通孔

（9）创建圆角特征

单击工具栏中"倒角"工具的图标 ⟍，打开圆角命令操控板，按住〈Ctrl〉键选择六棱柱的棱线，输入圆角半径为 2.5，单击"确定"按钮 ✔ 完成圆角的创建，如图 2-171 所示。

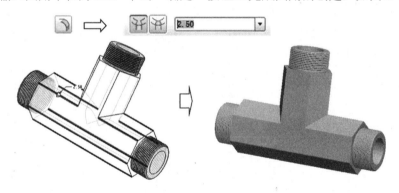

图 2-171　创建圆角特征

第3章 Pro/Engineer 零件装配设计

3.1 常用零件装配概述

一个成功的产品，不仅要有高质量的零件，还要将各个零件按设计要求组装起来，才能发挥其真正的功能。Pro/E 提供的装配功能就是通过在零件间增加各类约束，来限制零件的自由度，在虚拟环境里模拟出现实的机构零件的装配效果。

3.1.1 零件装配环境

新建文件后选择进入"组件"模块。操作步骤如下：单击工具栏创建新文件的按钮，出现"新建"对话框，在类型选框中选择"组件"，输入组件的名称并取消"使用缺省模板"复选，接着单击"确定"按钮或直接单击鼠标中键进入"新文件选项"，选中"mmns_asm_design"后进入装配模式，如图 3-1 所示。

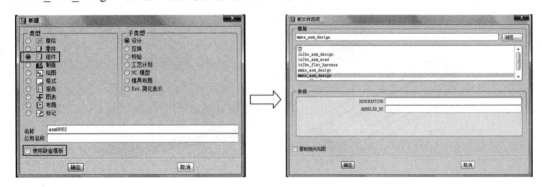

图 3-1　新建组件

也可以在进入装配界面后打开在"工具"菜单下的"选项"对话框，将参数"template_design.asm"设置为"mmsn_asm_design.asm"，使组件设计的环境为公制单位。

3.1.2 组件创建过程

进入组件模块后，单击"加载零件"按钮或通过菜单"插入"→"元件"→"装配"打开"打开"文件对话框。浏览光盘附带练习文件"第 3 章练习文件"目录下的"tiaojieluomu"，单击"打开"将零件调入，如图 3-2、图 3-3 所示。

在图标板中设置约束条件为"缺省"，单击"完成"按钮或按鼠标中键。零件将会被装配到默认位置。

再次单击"插入元件"按钮，在弹出的"打开"对话框中选择"bashou.prt"，单击"打开"按钮调入到组件中，如图 3-4 所示。

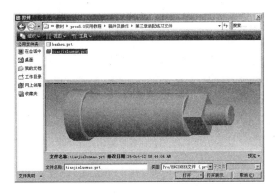

图 3-2　选择加载零件

图 3-3　加载到组件窗口

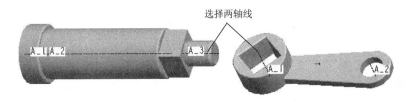

选择两轴线

图 3-4　插入把手设置轴线对齐

如图 3-4 所示，依次选择把手的 A_1 轴线，调节螺母的 A_3 轴线。

如图 3-5 所示，选择调节螺母平面并按住鼠标中键移动，将视图反转到能观察到把手下表面，选择把手的下表面，设置约束面板中的类型为配对，距离为 0。再依次选择如图 3-6 所示两平面，在约束面板中设置配对角度偏移为 0。结果如图 3-7 所示。

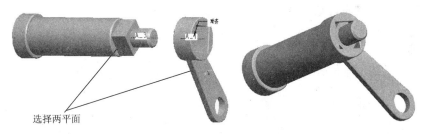

选择两平面

图 3-5　约束平面对齐

选择两平面

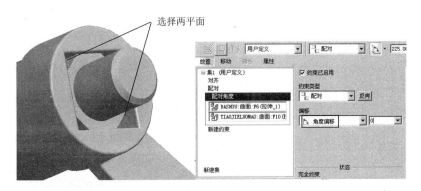

图 3-6　设置角度偏移约束

图 3-7　装配结果

3.1.3　装配约束类型

约束规定了新载入的零件相对于装配体的放置方式，确定了新载入的零件在装配体中的相对位置，约束的设计是整个装配设计的关键。进行零件的装配时，零件的操控板上会显示所使用的装配约束条件。常用的十一种约束方法如图 3-8 所示。

图 3-8　约束方法

1）自动约束。选取零件和组件参照，由系统猜测意图而自动设置适当的约束。

2）配对。若分别选中两个零件的平面（实体面或者基准平面）作为参照面，本约束可以使两个面贴合、定向、保持一定的偏移距离或成一定的角度。匹配约束类型中的偏移列表一般包括重合、定向和偏移 3 种，根据所选的参照，对应的列表项将有所不同，如图 3-9 所示。

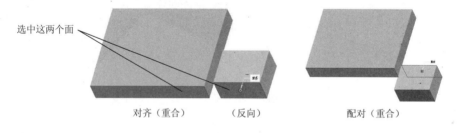

选中这两个面

对齐（重合）　　（反向）　　　　　配对（重合）

图 3-9　对齐和配对

3）对齐。对两个选定的参照，使其朝向相同，并将两个选定的参照设置为重合、定向或者偏移。对齐约束和配对约束的设置方式很相似。不同之处在于，对齐对象时不仅可以使两个平面共面（重合并朝向相同），还可以指定两条轴线同轴或者两个点重合，以及对齐旋转曲面或边等，如图 3-9、图 3-10 所示。

① 偏移。使选取的零件参照面与组件参照面平行，并保持所指定的距离。如要参照面相

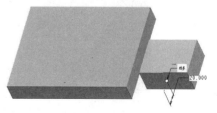

图 3-10　对齐偏移

反，单击"反向"按钮，或者在距离文本框中输入负值。

② ⊥ 定向。使选取的两个零件参照面平行。此时可以确定新添加零件的约束方向，但是不能设置间隔距离。

③ ⊥ 重合。重合是默认的偏移类型，即两个参照面贴合在一起，当分别选取两个参照面后，约束类型自动设置为配对。然后在"偏移"下拉列表中选择"重合"选项，所选的两个参照面即可完全接触。

④ ⟋ 角度偏移。当选取的两个参照面具有一定角度时，使用此约束类型，在"角度偏移"文本框中输入旋转角度，则添加的零件将根据参照面旋转所设定的角度，旋转到指定位置。

注意：无论使用配对约束还是对齐约束，两个参照对象必须为同一类型（面对面、轴对轴等）。

4）⟋ 插入。将一个旋转曲面插入另一个旋转曲面中，并且对齐两个曲面的对应轴线。并不要求两柱面的直径相等。在选取轴线无效或不方便时，可以使用该约束方式。该约束的对象主要是回转零件。选取新载入零件上的曲面，并选取欲插入的对应曲面，即可获得插入约束效果，如图 3-11 所示。

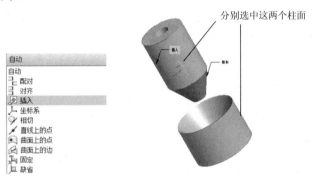

图 3-11　插入效果

5）⟋ 坐标系约束。通过对齐两零件坐标系的方式来约束装配的零件。该约束可以一次定位零件，完全限制 6 个自由度。为便于装配可在创建模型时指定坐标系。

6）⟋ 相切。通过控制新载入的零件与指定零件以对应曲面相切进行装配。该约束功能只保证曲面相切，而不对齐曲面。通常情况下需要配合插入或者对齐等约束共同完成零件的完全约束，如图 3-12 所示。

图 3-12　相切约束

7）直线上的点。控制新载入零件上的点与装配体上的边、轴或基准曲线之间的接触，使新载入的零件只能沿直线移动或旋转，而且仅保留 1 个移动自由度和 3 个旋转自由度。选取新载入零件上的一个点，并选取组件上的一条边，这个点将自动约束到被选红色显示的边上。

曲面上的点和边：在设置放置约束时，可限制零件上的点或边相对于指定零件的曲面移动或旋转，限制该零件相对于装配体的自由度，从而约束零件。

8）曲面上的点。约束点和曲面对齐。可以用零件或装配体的基准点、基准平面或实体曲面作为参照。

9）曲面上的边。约束边与曲面对齐。可以将一条线性边约束至一个平面，也可使用基准平面、装配体的曲面或者任何平面零件的实体曲面作为参照。

10）固定约束。将被移动或封装的零件固定到当前位置。

11）默认约束。该约束方式主要用于添加到装配环境中第一个元件的定位。通过该约束方式可将元件的坐标系与组件的坐标系对齐。之后载入的元件将参照该元件进行定位。

提示： 如果仅一个约束不能定位零件的位置，可在"放置"下滑面板中选择"新建约束"选项，设置下一个约束。确定零件位置后，单击"应用"按钮，即可获得零件约束设置的效果。

技巧： 在设置约束集过程中，如果零件的放置位置或角度不利于观察，则可按住〈Ctrl+Alt〉键，并按住鼠标滚轮来旋转零件，或单击鼠标右键来移动零件。

3.1.4 装配约束条件的变更

对零件进行相应的约束设置之后，经常还需要对部分约束的零件进行移动或旋转，来弥补放置约束的局限性，从而准确地装配零件。特别是在装配一些复杂的零件时，经常需要进行平移、旋转等动作，便于观察装配是否正确等，或者设置约束的顺序以及设定的约束条件不正确时，需要对约束进行调整。

注意： 只有在零件没有被完全约束，满足以下运动方式时才可以进行相应的调整。

在约束面板中，第二个选项为"移动"。不管何种运动类型，均需要选择运动的参照方式。其有两种，如图 3-13、图 3-14 所示。

图 3-13　在视图平面中相对

图 3-14　运动参照

1）在视图平面中相对。选择该单选按钮表示相对于视图平面对零件进行调整。在组件窗口中选取待调整的零件后，在所选位置处将显示一个三角形图标。此时按住鼠标中键拖动即可旋转零件；按住〈Shift〉键+鼠标中键拖动可旋转并移动零件，如图 3-13 所示。

2）运动参照。运动参照指相对于零件或参照对象调整所选定的零件。选择该单选按钮后，运动参照收集器将被激活。此时可选取视图平面、图元、边、平面法向等作为参照对象，但最多只能选取两个参照对象。指定好参照对象后，右侧的"法向"或"平行"选项将被激活。单击"法向"单选按钮，选取零件进行移动时将垂直于所选参照移动零件；单击"平行"单选按钮，选取零件进行移动时将平行于所选参照移动零件，如图 3-14 所示。

3）运动类型。运动类型包括 4 种，如图 3-15 所示。

① 定向模式。在组件窗口中以任意位置为移动基准点，指定任意的旋转角度或移动距离，来调整零件在组件中的放置位置，以达到完全约束。在"装配"操控面板中展开"移动"下滑面板，并在"运动类型"下拉列表中选择"定向模式"选项。

平移和旋转零件：平移或旋转零件，只需选取新载入的零件，然后拖动鼠标即可将零件移动或旋转至组件窗口中的任意位置。

② 平移零件。直接在视图中平移零件至适当的装配位置。

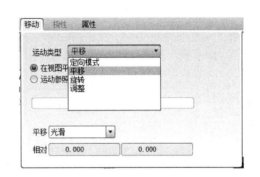

图 3-15　运动类型

③ 旋转零件。绕指定的参照对象旋转零件。只需选取旋转参照后选取零件，拖动鼠标即可旋转零件。图 3-14 所示即为选取一个轴线为旋转参照，零件将绕选定的轴线进行旋转。

④ 调整零件。为零件添加新的约束，通过指定的参照对零件进行移动。该移动类型对应的选项中新增加了"配对"和"对齐"两种约束，并可以在下面的"偏移"文本框中输入偏移距离来移动零件。

3.1.5　零件的隐藏和隐含

1. 隐藏和取消隐藏

在装配多个零件组成的组件时，往往会发生已装配的零件干扰影响新的零件的装配。此时，可以将不需要使用的零件进行隐藏。装配好后再取消隐藏。

选中零件，右击鼠标，选择"隐藏"，即可将该零件暂时不在屏幕上显示，同时模型树中该零件名变成灰色。要恢复时，在模型树中选中该零件，右击鼠标，选择"取消隐藏"即可，如图 3-16 所示。

2. 隐含和恢复显示

隐含和恢复。在组件环境中隐含特征类似于将零件或组件从进程中暂时删除，而执行恢复操作可随时还原已隐含的特征，恢复至原来状态。通过隐含特征操作不仅可以将复杂装配体简化，而且可以减少系统的再生时间。

1）隐含零件或组件。在创建复杂的装配体时，为方便对部分组件进行创建或编辑操

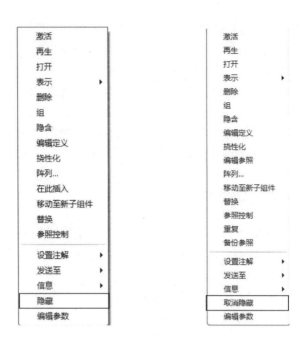

图 3-16　隐藏和取消隐藏

作，可将其他组件暂时删除，这样使装配环境简洁，缩短更新和组件的显示速度，提高工作效率。在模型树中选中要隐含的零件或组件，并单击鼠标右键，在打开的快捷菜单中选择"隐含"选项并确认，此时所选对象将从当前装配环境中移除，如图 3-17 所示。

　　2）恢复隐含对象。要恢复所隐含的对象，须在模型树中单击"设置"按钮，并在下拉列表中选择"树过滤器"，然后在打开的"模型树项目"对话框中选中"隐含的对象"复选框，所有隐含的对象将显示在模型树中，如图 3-18 所示。

图 3-17　隐含

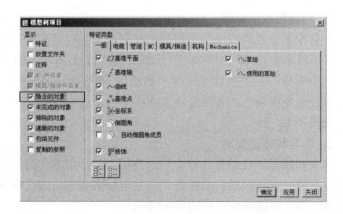

图 3-18　恢复隐含对象

3.2 Pro/Engineer 零件装配实例

下面以机用虎钳装配体为例，介绍组件的创建过程。练习所需模型见光盘。

1．新建组件 huqian.asm

单击"新建"按钮 ，弹出"新建"对话框，如图 3-19 所示。类型选择"组件"，在名称栏输入"huqian"，取消"使用缺省模板"复选框。单击"确定"按钮，弹出"新文件选项"，选择"mmns_asm_design"，设置国际标准单位格式，如图 3-20 所示。单击"确定"按钮进入组件装配界面。

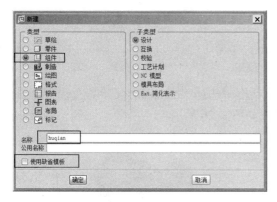 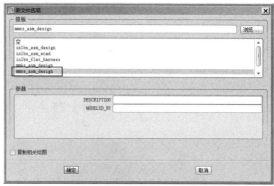

图 3-19　新建组件　　　　　　　　　　　图 3-20　设置单位格式

2．加载固定钳身

单击"加载零件"按钮 ，弹出"打开"对话框，选择"gudingqianshen.prt"，固定钳身调入组件界面，如图 3-21 所示。设置约束类型为"缺省"，单击鼠标中键完成固定钳身的加载。

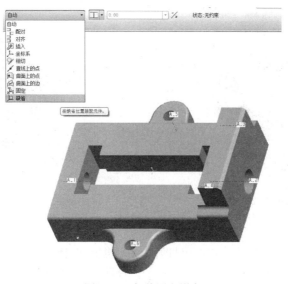

图 3-21　加载固定钳身

3. 加载丝杠螺母

单击"加载零件"按钮，弹出"打开"对话框，选择"siangluomu.prt"，将丝杠螺母调入，如图 3-22 所示。分别设置三种类型的约束。按中键确定，结果如图 3-23 所示。

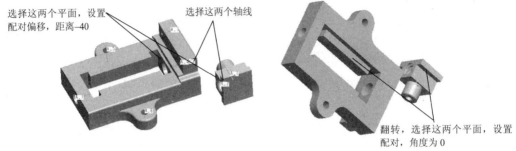

选择这两个平面，设置配对偏移，距离-40

选择这两个轴线

翻转，选择这两个平面，设置配对，角度为0

图 3-22　载入丝杠螺母设置约束条件

4. 加载丝杠垫片

单击"加载零件"按钮，弹出"打开"对话框，选择"dianpian.prt"，将垫片调入，如图 3-24 所示。设置约束，如图 3-25 所示，结果如图 3-26 所示。

图 3-23　加载结果

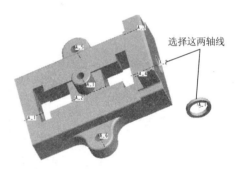

选择这两轴线

图 3-24　调入垫片

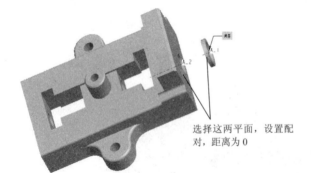

选择这两平面，设置配对，距离为0

图 3-25　设置垫片约束条件

图 3-26　垫片装配结果

5. 加载丝杠

单击"加载零件"按钮，弹出"打开"对话框，选择"sigang.prt"，将丝杠调入，如图 3-27 所示。设置轴线对齐。如图 3-28 所示，设置丝杆的一端面和垫片外侧端面配对，距离为0。

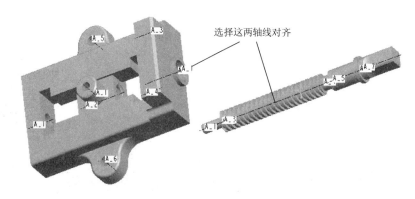

图 3-27　加载丝杠

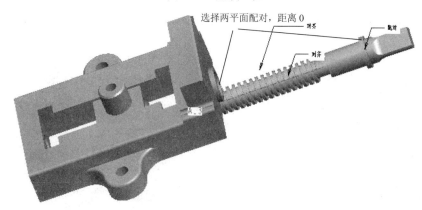

图 3-28　设置两平面对齐

按中键或单击右上侧"确认"按钮☑，结果如图 3-29 所示。

6．加载螺母垫片

单击"加载零件"按钮📄，弹出"打开"对话框，选择"dianpian12.prt"，将 M12 用垫片调入，如图 3-30 所示。分别设置垫片的轴线和丝杠轴线对齐，垫片端面平面和固定钳身的左侧面配对，反向，距离为 0（如图 3-31 所示），结果如图 3-32 所示。

图 3-29　加载垫片结果

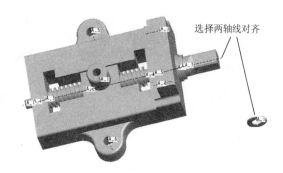

图 3-30　加载 M12 垫片

7．加载螺母

单击"加载零件"按钮📄，弹出"打开"对话框，选择"luomuM12.prt"，将 M12 螺母

91

调入，如图 3-33 所示。设置螺母轴线和丝杠轴线对齐，如图 3-33 所示。再设置螺母端面和 M12 垫片外侧端面对齐，如图 3-34 所示，结果如图 3-35 所示。

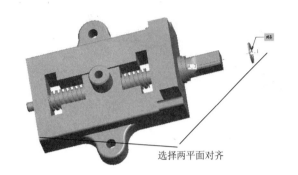

图 3-31　设置约束条件

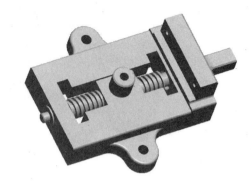

图 3-32　装配结果

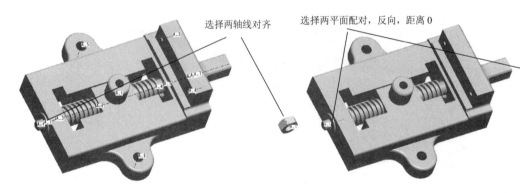

图 3-33　加载螺母

图 3-34　设置端面对齐约束

8. 加载活动钳身

如图 3-36 所示，调入 "hudongqianshen.prt" 并设置活动钳身轴线和丝杠螺母轴线对齐。再选择固定钳身上表面，单击鼠标中键翻转视图，选择活动钳身的下表面，如图 3-37 所示。

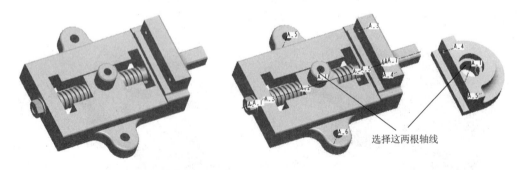

图 3-35　装配结果

图 3-36　加载活动钳身

如图 3-38 所示，分别选择活动钳身和固定钳身的两个平面，并设置成配对，角度 0°，使其旋转 180°变成面对面的方向。

如图 3-39 所示，设置好后可以预览最后的装配效果是否正确。随后按鼠标中键，接受约束结果，如图 3-40 所示。

图 3-37　设置约束条件

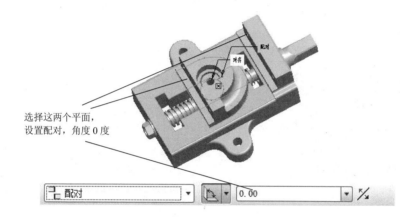

图 3-38　设置活动钳身方向

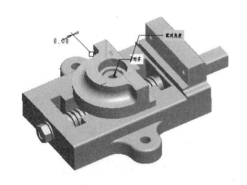

图 3-39　预览效果

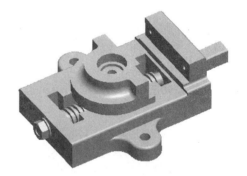

图 3-40　装配活动钳身后效果

9．加载固定螺钉

单击"加载零件"按钮![icon]，弹出"打开"对话框，选择"gudingluoding.prt"，将固定螺钉调入，如图 3-41 所示。首先如图 3-41 设置两平面配对。然后如图 3-42 设置两轴线对齐。确定后结果如图 3-43 所示。

10．加载钳口板

单击"加载零件"按钮![icon]，弹出"打开"对话框，选择"qiankouban.prt"，将钳口板调入。如图 3-44 所示。设置钳口板两孔轴线与活动钳身两孔对齐，并设置钳口板端面和活动钳身右侧端面配对。确定后结果如图 3-45 所示。

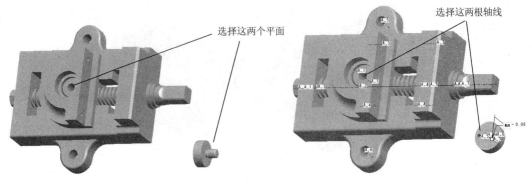

图 3-41　载入固定螺钉　　　　　　　　图 3-42　设置约束条件

图 3-43　装配结果

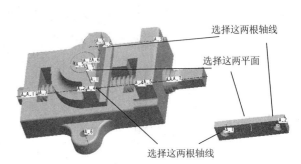

图 3-44　加载钳口板

11．加载 M6 螺钉

单击"加载零件"按钮，弹出"打开"对话框，选择"luodingM6.prt"，将螺钉调入。如图 3-46 所示。设置 M6 螺钉轴线和钳口板孔轴线对齐，螺钉平面和钳口板端面平齐。装配结果如图 3-47 所示。

图 3-45　装配效果

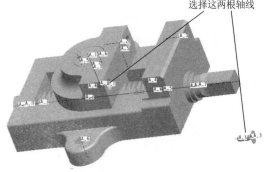

图 3-46　加载 M6 螺钉

12．复制粘贴 M6 螺钉

选择装配的 M6 螺钉，单击"复制"按钮，再单击"选择性粘贴"按钮。如图 3-48 所示，选中"对副本应用移动/旋转变换"复选框。然后选择活动钳身最前面的表面，输入

75。如图 3-49 所示，按中键确认。

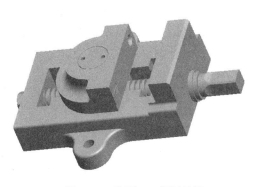

图 3-47 装配 M6 螺钉结果

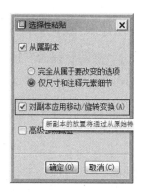

图 3-48 选择性粘贴选项

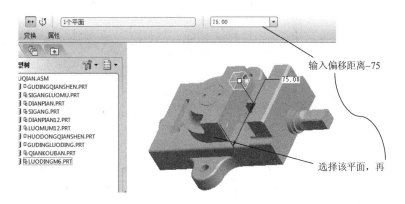

图 3-49 设置粘贴参数

13．加载固定钳身上的钳口板和 M6 螺钉

用同样的方法，在固定钳身上装配钳口板和 M6 固定螺钉，结果如图 3-50 所示。

图 3-50 平口钳装配结果

3.3 装配体爆炸图

组件由多个零部件组成，组装在一起，一般难以清晰区分各个零部件。在一些特定的场合，如产品说明书中，往往也需要有立体分解的轴测图，以便于了解产品系统的构成。

Pro/E 中通过视图管理器来实现装配体的爆炸图。

3.3.1 创建装配体分解状态

单击"视图管理器"按钮▣或单击"视图"→"视图管理器"菜单，弹出"视图管理器"对话框，如图 3-51 所示。

双击"缺省分解"或单击"编辑"下拉菜单，选择"分解状态"，结果如图 3-52 所示。此时组件已经被分解，如果位置不符合期望，就可以通过调整各零件的位置来得到清晰的爆炸分解图。

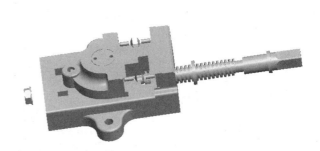

图 3-51　视图管理器　　　　　　　　　　　　　　图 3-52　缺省分解图

3.3.2 调整零件位置

单击如图 3-53 中编辑菜单下的"编辑位置"，或单击"属性"，再单击"编辑位置"按钮▣，弹出编辑位置控制面板，如图 3-54 所示。

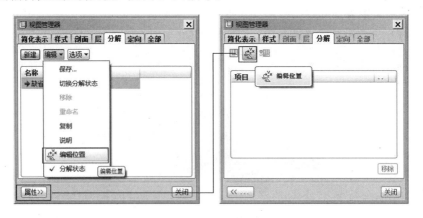

图 3-53　编辑位置按钮和菜单

图 3-54　编辑位置控制面板

如图 3-55 所示，单击编辑位置控制面的"参照"菜单，单击"要移动的元件"，选择丝杠；再单击"移动参照"中的空白区域，选择一根和丝杠同方向的轴线或边。选择的对象自动填入"参照"面板中。

单击丝杠零件，在单击点上会出现一个坐标系，如图 3-56 所示。移动鼠标，使 x 轴呈粗线，即可以沿 x 方向移动丝杠。此时单击鼠标左键并左右移动鼠标，可以拖动丝杠移动到合适的位置。

图 3-55　参照选项

图 3-56　沿 x 方向移动

用同样的方法，分别移动其他的零件。移动中注意移动方向是通过坐标系的 xyz 三个轴来控制和提示的，当某轴呈现粗线时，即沿该轴向移动，调整结果如图 3-57 所示。

3.3.3　创建偏距线

有时限于图纸的幅面布局，需要将零件在一个方向上的组合移动到另一个位置，为了更加清晰表示它们之间的对接装配关系，需要添加偏距线。

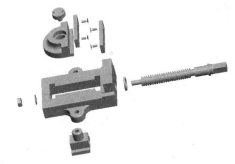

图 3-57　分解后的平口钳

如图 3-58 所示，要在固定板靠前的钳口板安装孔的轴线和分解移动后的钳口板孔轴线间绘制偏距线表示连接关系，可以单击"创建修饰偏移线"按钮，然后选择两个轴线，确认好方向，自动绘制一条偏距线。单击偏距线，在偏距线的两端，出现一个小方框，可以沿指定方向拖动。调整偏距线到合适的大小和位置即可。如要增加拐点，选中偏移线后右击，快捷菜单中选择"添加角拐"即可。

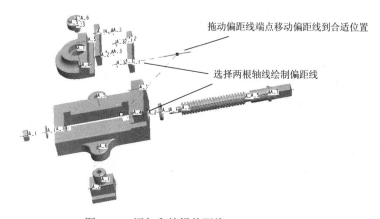

图 3-58　添加和编辑偏距线

3.3.4　保存分解状态

修改了分解状态后，还需要保存。如图 3-59 所示，如果没有保存，则在名称后有"(+)"的提示。此时，单击"编辑"菜单，在下拉列表中选择"保存"，如图 3-60 所示。

图 3-59　未保存状态　　　　　　　　　　　图 3-60　保存分解状态

随后弹出"保存显示元素"对话框，如图 3-61 所示。用于设置保存的视图方向等内容。可以输入视图名称或在右侧的下拉列表中选择希望保存的视图方向，按"确定"按钮。如果已经保存有相同名称的视图，则会弹出是否覆盖的确认对话框，否则，直接保存该视图。

图 3-61　设置视图方向

3.4　修改装配体中的部件和零件约束

如果发现装配的组件不正确，需要重新进行装配，此时可以在模型树选择需要修改的零部件（子组件），右击鼠标，选择编辑定义，如图 3-62 所示。

此时，可以修改原有定义约束属性。如图 3-63 所示，和刚插入零件时的界面类似。

可以选择原有的约束，进行修改。也可以删除原有约束，增加新的约束等。完成后单击鼠标中键或右上角的"确认"按钮☑。或者按右上角的"放弃"按钮✖放弃修改。

激活
再生
打开
表示　　　　▶
删除
组
隐含
编辑
编辑定义
挠性化
编辑参照
创建驱动尺寸注释元素
阵列...
移动至新子组件
替换
参照控制
重复
备份参照
设置注解　　　▶
发送至　　　　▶
信息　　　　　▶
隐藏
编辑参数

图 3-62　编辑定义已装配零件

图 3-63　重新修改约束条件

如果装配组件时发现零件设计有误，此时，可以在模型树中选中该零件，右击鼠标，在弹出的菜单中选择"打开"，即可进入零件设计模块，重新对零件进行设计修改。所做的修改自动带入组件模块中。

第4章 工 程 图

工程图主要由零件或组件的各种视图、尺寸和技术要求、标题栏等信息组成，工程图模块是进行产品设计的重要辅助模块，可以以图纸形式向生产人员传达产品的结构特征和制造技术要求。

4.1 工程图模块简介

图 4-1 为一张零件工程图。零件图所含的信息包括视图（主视图、俯视图、左视图等）、剖面、尺寸、尺寸公差、几何公差、几何公差基准、注释、表面精度、标题栏等。

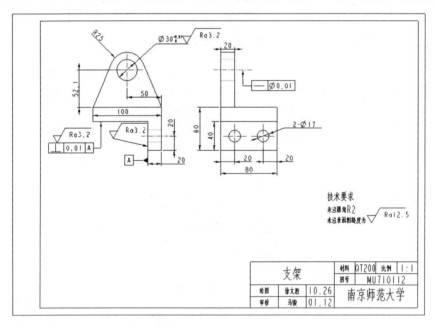

图 4-1 零件工程图

新建工程图。单击"新建"按钮，如图 4-2 所示，在打开的对话框中，将"类型"设置为"绘图"，并取消"使用缺省模板"复选框。在"名称"后输入工程图名称，按鼠标中键或单击"确定"按钮，弹出"新建绘图"对话框。如果绘制的图形是针对当前编辑模型的，则在"缺省模型"中会自动填入该模型名称，否则，可以单击后面的"浏览"按钮，选择欲使用的模型。根据需要选择绘图模板或图纸大小、方向等，单击"确定"按钮即进入工程图绘制环境。

工程图环境与建模环境和装配环境有较大的不同。如图 4-3 所示。工具栏均集中在上方的各选项卡中，在绘图区中黑色的边框即为所指的绘图图纸大小，一般工程图内容不能超过该图纸边框。Pro/E 5.0 中包含"绘图树"和"模型树",与建模环境中的特征模型树类似。所添加的各个视图或注释均在绘图树中呈树状显示,方便管理和编辑。

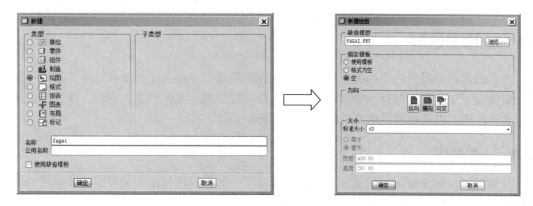

图 4-2 新建工程图

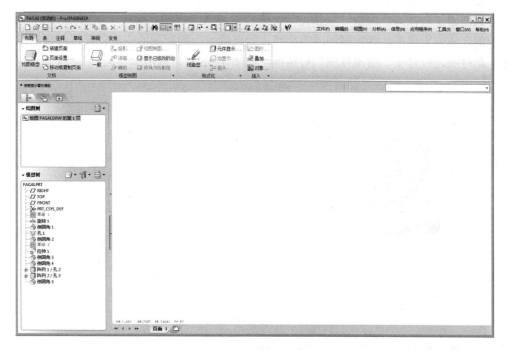

图 4-3 工程图界面

工程图主要包括两种基本元素:视图和注释。视图主要用于表达零件的结构形状;注释主要为模型添加尺寸、公差和其他行为说明。

1)视图:视图是实体模型对某一方向投影后所创建的全部或部分二维图形。根据表达细节的方式和范围的不同,视图可分为全视图、半视图、局部视图和破断视图等。而根据视图的使用目的和创建原理的不同,还可将视图分为一般视图、投影视图、辅助视图和旋转视图及剖直后的各种剖视图等。

2)注释:注释是对工程图的辅助说明。使用视图虽然可以清楚表达模型的几何形状,但无法说明模型的尺寸大小、材料、加工精度、公差值以及一些设计者需要表达的其他信息。此时就需要使用注释对视图加以说明。根据创建目的和方式的不同，注释可分为尺寸标注、公差标注和注释标注等。

4.2 工程图绘制

工程图的图形部分由不同类型的视图和截面所组成，从而能完整地表达零件结构形状。但一般情况下工程图均包括一些基本视图，如用主视图表达零件的主体形状、投影视图辅助表达零件结构，以及轴测图辅助反映模型的三维效果。

4.2.1 一般视图

一般视图，是工程图中的第一视图，也可以作为其他投影视图的父视图。要创建一个一般视图，首先须确定视图的放置位置，然后调整视图的方向。

确定视图放置位置：确定模型第一个视图的放置位置，只需在图中相应位置单击即可。用该方式创建工程图时，模板一般指定为空模板。进入工程图界面后，单击"一般"按钮，在图中的合适位置单击，确定视图的中心点，即可确定一般视图的中心位置，效果如图 4-4a 所示。此时随之打开了"绘图视图"对话框，如图 4-4b 对话框所示。

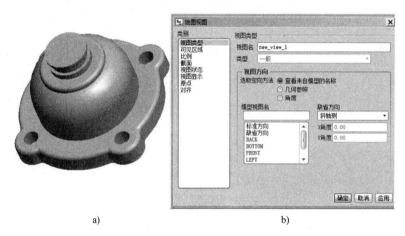

a)   b)

图 4-4　绘图视图对话框

在对话框中的"类别"选项中显示了 8 种视图参数。

（1）视图类型

如图 4-4 所示，视图类型包括了视图名、类型、视图方向等。

1）视图名。用于设置视图名称。

2）类型。设置视图的类型。如果是第一个视图，则默认为一般，并不可以修改。如果插入的是其他种类视图，则还包括一般、投影、详细、辅助旋转、复制并对齐、展平板层等选项。如图 4-5 所示，用于设置视图的类型。

3）视图属性。用于设置相应种类的视图的属性。下面列出的设置栏目根据视图类型不同而不同，如图 4-6 所示。

对一般视图而言，还可以设置视图方向。

图 4-5　视图类型　　　　　　　　　　图 4-6　视图属性设置

调整视图方向。在添加一般视图时，系统是以默认轴测方向创建。但该视图的方位一般不能满足绘图的需要，因而需要调整至所需的视图方向。在"绘图视图"对话框中指定所需的视图方向，即可将刚确定位置的一般视图调整至所需方向。

1）根据来自模型的名称设置。如图 4-7 所示，通过模型视图名来设置视图方向，在模型视图名下通过滑块移动以显示所有的名称，选择需要的名称即可。默认方向中可以设置等轴测或斜轴测或者选择自定义，在下方输入 X 和 Y 角度。

2）几何参照。如图 4-8 所示，根据设置的几何参照来设定视图的方向。

图 4-7　模型名称设置视图方向　　　　图 4-8　几何参照设置视图方向

3）角度。如图 4-9 所示，通过添加角度参照来设置视图方向。旋转参照包括法向，即旋转轴垂直于屏幕；垂直，旋转轴为上下垂直方向；水平，旋转轴为左右水平方向，以及边/轴，旋转轴为选定的边或轴线。然后在角度值框中输入旋转的角度即可。

（2）可见区域

用于设置视图的可见范围，即根据显示范围分类的视图。包括全视图、半视图、局部视图和剖断视图。根据不同的可见区域，其下可以设置相应的属性，如图 4-10 所示。

Z 方向修剪。用于设置是否在 Z 方向进行修剪，以及设置 Z 方向修剪的参照。

（3）比例

比例用于设置视图的绘制比例。如图 4-11 所示，包括使用页面的默认比例（1:1），或者输入一个比例值自定义一个比例。如果是透视图，则需要设置观察距离和视图的直径。

图 4-9 根据角度设置视图方向

图 4-10 可见区域设置

（4）截面

截面用于设置剖视图的截面。

1）无剖面。显示为视图而非剖视图，如图 4-12 所示。

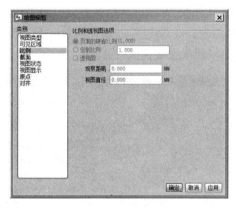

图 4-11 比例设置

图 4-12 截面设置

2）2D 剖面。用于绘制剖视图，如图 4-13 所示。选择该项后，可以通过下面的"+-"号添加或删除二维剖面。如果在模型编辑环境下预先设置好了剖面，则这里通过列表中的下拉箭头可以列出已设的可以使用的剖面，直接选择即可。如果预先没有设置剖面，则可以创建新的剖面，此时会弹出如图 4-14 所示的"菜单管理器"，通过它新建一个剖面。

3）单个零件曲面。用于绘制单个零件的曲面。一般用于绘制零件的某个端面向视图。

（5）视图状态

视图状态用于设置视图的状态，包括组

图 4-13 2D 剖面设置

合状态、分解视图已经使用的简化表示，如图4-15所示。

图4-14　新建剖面菜单管理器

图4-15　视图状态设置

（6）视图显示

视图显示用于设置视图显示选项，如图4-16所示。

1）显示样式。如图4-17所示，包括了从动环境、线框、隐藏线、消隐、着色。

图4-16　视图显示设置

图4-17　显示样式设置

2）相切边显示样式。用于设置相切边的显示模式，如图4-18所示。

3）面组隐藏线移除。设置面组隐藏线是否移除。

4）颜色自。设置颜色来自模型或绘图。

5）骨架模型显示。设置骨架模型隐藏或显示。

6）剖面线的隐藏或移除。设置剖面线的隐藏线是否移除。

（7）原点

原点用于设置视图原点位置，如图4-19所示。包括视图原点设置在视图中心或项目上，页面中的视图位置坐标。

图4-18　相切边显示样式设置

（8）对齐

对齐用于设置视图对齐选项。如图 4-20 所示，包括是否将此视图和其他视图对齐。或者设置成水平或垂直。如果对齐，则需要设置对齐的参照，包括此视图上的点和其他视图上的点。

图 4-19　原点设置　　　　　　　　　　　　　　　图 4-20　对齐设置

零件主视图往往应该是最能够反映零件主体特征的视图。

4.2.2　投影视图

投影视图是以水平或垂直视角为投影方向创建的直角投影视图。不仅可以直接添加投影视图，也可以将一般视图转换为投影视图，还可以调整投影视图的位置。

1）添加投影视图。添加投影视图就是以现有视图为父视图，依据水平或垂直视角方向为投影方向创建投影视图。单击"投影"按钮，在图中选取一视图为投影视图的父视图，并在父视图的水平或垂直方向上单击放置投影视图，即可添加投影视图。也可以先选中投影视图的父视图，再单击"投影"按钮，或选中了投影视图的父视图后，右击鼠标，在弹出的菜单中选择"插入投影视图"，移动到正确的位置单击鼠标即可。

投影视图是根据父视图按照投影关系产生的，因此一旦改变了父视图的投影方向，则相应的投影视图也会发生改变。

2）一般视图转换为投影视图：当存在两个或多个一般视图时，可以将其中一个或多个一般视图转换为投影视图。在转换过程中，被转换的一般视图将按照投影原理，以所选视图为父视图参照，自动调整视图方向。双击需要转换为投影视图的一般视图，打开"视图绘图"对话框，然后在"类型"下拉列表中选择"投影"选项，并单击"投影视图属性"下方的"父项视图"收集器，选取父项视图，即可将所指定的一般视图转换为投影视图。

3）移动投影视图。创建工程图时，视图的放置位置往往需要多次移动调整，才能使图的分布达到布局合理的效果。

4）移动投影方向上的视图。在投影方向上移动投影视图时，对于基本视图只能在水平或竖直方向进行移动，对于辅助视图如斜视图，斜剖视图等，也只能在投影方向上移动，必须保证和父视图的对应关系。选取需要移动的投影视图并单击右键，在打开的快捷菜单中选择取消"锁定视图移动"选项。然后单击该视图并拖动，即可在视图的投影方向上进行移动。

5）任意移动视图。该移动方式是指视图可以随鼠标的拖拉在任意方向上进行移动。鼠标单击的位置即是视图中心点的放置位置。选中需要移动的视图，通过鼠标左键移动到合适位置单击即可。

双击需要移动的视图，在打开的"绘图视图"对话框的"类别"选项组中选择"对齐"选项，然后禁用"将此视图与其他视图对齐"复选框，并单击"确定"按钮，即可将投影视图移动至任意位置。

4.2.3 轴测图

轴测图是指用平行投影法将物体连同确定该物体的直角坐标系，一起沿不平行于任一坐标平面的方向投射到一个投影面上所得到的图形。零件的轴测图接近人们的视觉习惯，但不能准确反映物体真实形状和大小，仅作为辅助图样，辅助解读正投影视图。工程上一般采用正投影法绘制物体的投影图。它能完整准确地反映物体的形状和大小，且质量好、作图简单，但立体感不强，具备一定读图能力的人才能看得懂，因此需要采用立体感较强的轴测图来作为辅助表达方法。轴测图具有平行投影的所有特性。

平行性：物体上互相平行的线段，在轴测图上仍互相平行。

定比性：物体上两平行线段或同一直线上的两线段长度之比，在轴测图上保持不变。

实形性：物体上平行轴测投影面的直线和平面，在轴测图上反映实长和实形。

在创建一般视图时，单击指定视图中心位置后，开始模型均是以轴测图显示的。在绘制一幅工程图时，当创建完模型的主视图、投影视图和局部视图等平面视图后，便可以添加模型的轴测图，直观地表达模型的形状和结构。在"绘图视图"对话框的"模型视图名"下拉列表中选择"标准方向"或"缺省方向"均可以以立体方式创建模型视图，而在右侧的"缺省方式"下拉列表中提供了以下三种模型放置方式。

等轴测与斜轴测。这两种方式是按投影方向对轴测投影面相对位置的不同所创建的两种类型的视图。当投影方向垂直于轴测投影面时，即可创建等轴测图（又称为正轴测图）；当投影方向倾斜于轴测投影面时，即可创建斜轴测图，效果图如图4-21所示。

图4-21　斜轴测和等轴测效果

用户定义：该方式是用户通过手动设置 X、Y 的角度数值来确定投影的方向，进而创建所需的轴测视图。通过该方式可创建任意角度的轴测视图。

4.3　创建高级工程图

视图用于表达零件结构形状。在 Pro/E 中视图的种类非常丰富。根据视图的使用目的和创建原理、剖切表示范围的不同，可将视图分为全视图、全剖视图、半视图、半剖视图、局部视图、局部剖视图、辅助视图（斜视图）、详细视图、旋转视图（断面图）、旋转剖视图和破断视图等。

4.3.1　全视图和全剖视图

全视图是用于表达整个零件的外形轮廓，是系统默认的视图类型，而全剖视图是指整个零件被完整剖切后投影得到的视图。经常利用全剖视图表达零件的内部结构，其中剖切面可以在工程图状态下或模型状态下进行创建，两者是相关的。

1）全视图。该视图类型为系统默认的视图类型，应用十分广泛，使用全视图可以较好地表达模型外部轮廓形状。图 4-22 所示为单击"一般"按钮，指定视图的放置位置后，双击鼠标左键，弹出"绘图视图"对话框，如图 4-23 所示。设置"视图类型"中的"视图模型名"为"Front"，"比例"改为定制"1.0"，"视图显示"中的"显示样式"改为消隐，"相切边显示样式"设置为"无"，即可创建该阀盖模型的主视图（全视图）。单击该主视图，单击鼠标右键，选择"插入投影视图"，在主视图的下方合适位置单击，插入俯视图。双击该俯视图，并参照主视图的设置，修改"绘图视图"参数。其中将"视图显示"中的"显示样式"改为"隐藏线"。结果如图 4-22 所示。

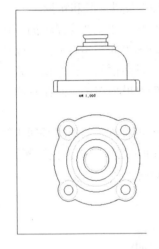

图 4-22　全视图

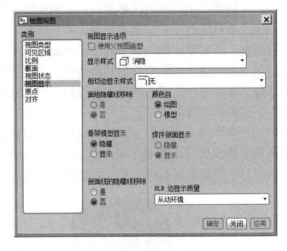

图 4-23　绘图视图参数修改

2）全剖视图。全剖视图是用剖切平面将零件完全剖开后所创建的视图。全剖视图主要用于表达内部结构比较复杂，而外部形状相对简单的零件模型。图 4-24 所示为放量好主视图后单击"投影"按钮，在主视图下方创建主视图的投影视图即俯视图；然后选取主视图，并单击鼠标右键在打开的快捷菜单中选择"属性"选项；接着在打开的"绘图视图"对话框"类别"选项组中选择"截面"选项，如图 4-25 所示，选择"2D 截面"。接下来单击"添加"按钮，在打开的"剖截面创建"菜单中选择"平面"→"单一"→"完成"选项，如图 4-26 所示。在随后弹出的文本框中输入剖面名称 A（如图 4-27 所示），并拾取俯视图上的 Front 平面为剖切平面，单击"绘图视图"对话框中的"确定"按钮，即可将主视图转化为全剖视图，效果如图 4-24 所示。

提示： 如果零件已在模型状态下创建了相应的剖切面，则创建模型的全剖视图时，直接通过"+"并在"名称"下拉列表中选择指定剖切面即可。

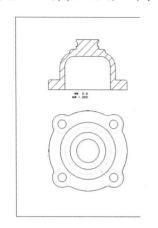

图 4-24　全剖视图

图 4-25　设置 2D 截面

图 4-26　创建剖切面

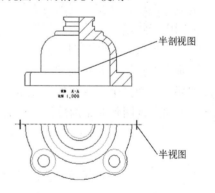

图 4-27　输入剖面名称

4.3.2　半视图

半视图是指对于对称的零件只绘制其对称的一半，用平行的双细实线在对称轴线上进行标注，如图 4-28 所示。一般因受图纸幅面限制而布局出现困难的情况下使用。

双击需要修改的视图，在"绘图视图"对话框中选择"可见区域"选项，并在"视图可见性"下拉列表中选择"半视图"选项，然后指定半视图的"对称线标准"类型，并在图中选择参照平面和视图中要保留的一侧即可创建半视图。图 4-28 俯视图所示即是以 TOP 面为分割面所创建的半视图效果。在创建半视图时，需要使用一条对称线表示分割平面，在"对称线标准"下拉列表中提供了 5 种对称线的不同类型。可以选用"对称线"。

4.3.3　半剖视图

半剖视图是以对称中心线为界，一半为剖视，一半为视图。对于具有对称或者近似对称结构的零件，既要表示出其外部形状特征，又要表示出其内部的结构，此时便可通过半剖视图同时将外形和内腔表达出来。图 4-28 所示主视图即半剖视图。

双击需要修改为半剖的视图，在弹出的"绘图视图"对话框中选择"截面"并选择"2D 截面"。接下来单击"添加"按钮，在"名称"下拉列表中选择先前创建的剖面，或创建一个新的剖面，然后在"剖切区域"下拉列表中选择"一半"选项。如图 4-29 所示。再指定视图和剖视图的分界面为参照面，箭头指向的区域就是要剖切的区域，单击"确定"按钮，即可将主视图转化为半剖视图，效果如图 4-28 主视图所示。

图 4-29 半剖视图设置

4.3.4 局部视图

如果只需要表示零件的一个局部的结构，无需绘制整个视图，则可以采用局部视图。局部视图一般用于突出重点想要表示的部分，或者不适合与其他部分同时表达（如倾斜结构）。绘制局部视图时可以采用不同的比例，除非外轮廓线正好成封闭，否则需要绘制假想机件断裂处的波浪线。Pro/E 以此波浪线为界，显示边界内的视图，而删除边界外的视图。

双击需要修改为局部视图的视图，如图 4-30 所示。在"绘图视图"对话框中选择"可见区域"选项，并在"视图可见性"下拉列表中选择"局部视图"选项。然后在图中局部视图范围内指定线上一点作为视图范围内部参考点，并围绕该点绘制一封闭的样条曲线以便确定区域边界（绘制边界时，最后一点无需刻意对齐封闭，单击鼠标中键自动封闭），最后单击"确定"按钮，创建局部视图，如图 4-31 所示。对没有被投影视图投影对正关系约束的局部视图，切换至"注释"选项卡，双击所创建的局部视图下方的比例数值，并在打开的提示栏中输入视图新的比例数值，即可创建局部放大视图，效果如图 4-32 所示。

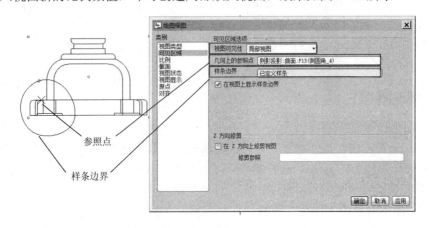

图 4-30 局部视图属性及范围设置

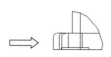

图 4-31　局部视图

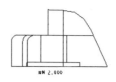

图 4-32　局部放大视图

4.3.5　局部剖视图

局部剖视图是用剖切面局部地剖开零件所创建的视图。局部剖视图是设定一个剖切范围，一般以波浪线进行分隔，用剖切的方法表达剖切后的内部结构。局部剖视图是一种灵活的表达方法，经常用于表达零件上一些小孔、槽或凹坑等局部结构的形状，对于非对称的零件，同时存在外形和内腔都要表达，而不适合使用半剖视图时，应该采用局部剖视图。图 4-33 为局部剖视图示例。创建过程为：首先在建模环境中为零件创建剖截面 *C*（也可以在工程图中创建剖切面）。然后双击需要修改的视图，并在打开的对话框中选择"截面"选项，并选择"2D剖面"单选按钮，如图 4-34 所示。接着单击"添加"按钮，指定先前创建的剖面 *C*，设置"剖切区域"为局部。在图 4-35 所示的边上单击，选取一点为中心点。然后，针对需要修改为局部剖的区域，围绕该中心点绘制一样条曲线，最后单击鼠标中键封闭样条曲线。单击"绘图视图"对话框中的"确定"按钮创建局部剖视图，如图 4-36 所示。结果如图 4-33 所示。

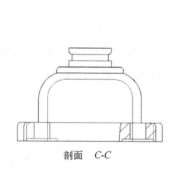

剖面　*C-C*

图 4-33　局部剖视图

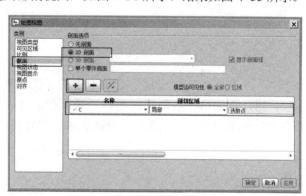

图 4-34　定义剖面

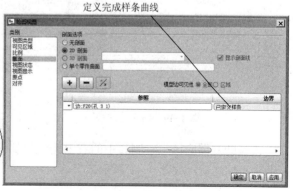

图 4-35　设置中心点绘制边界线

图 4-36　完成设置

提示： 对于一个视图采用局部剖视图表达时，剖切的次数不宜过多，否则会使图形过于破碎，影响图形的整体性和清晰性。

4.3.6　辅助视图（斜视图）

当采用一定数量的基本视图后，如果零件仍有部分倾斜结构无法表达清楚，则继续采用基本视图已不能恰当合理地表达零件。此时可单独将这一部分的结构形状向与该部分结构垂直的投影面投射，来创建辅助视图。辅助视图一般用于对一些倾斜的结构进行表达。如图 4-37 所示，零件左右两部分倾斜，在同一个基本视图上无法同时反映其真实形状和大小。也无法采用旋转视图进行表示。采用局部视图加斜视图的表达方案是最合适的。图 4-38 为该零件的主视图，在此基础上，增加局部的辅助视图表达倾斜部分的结构。

图 4-37　具有倾斜结构的零件

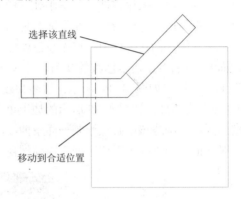

图 4-38　确定视图位置

如图 4-39 所示，在"布局"选项卡中的"模型视图"卡上单击"辅助"按钮，然后参照图 4-38，首先单击右侧倾斜结构上表面投影线，然后移动鼠标到右下侧合适位置单击，以便确定辅助视图位置。系统将自动在该位置处创建一辅助视图，如图 4-40 所示。

图 4-39　插入辅助视图

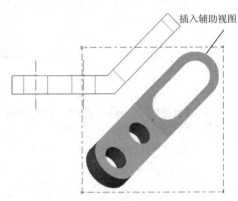

图 4-40　插入辅助视图

该辅助视图应该只绘制其中的右上侧倾斜部分，故需修改为局部视图。经修改并增加投影箭头和标注后，如图 4-41 所示。

提示： 辅助视图也是一种投影视图，投影方向垂直于其父视图上指定的参照面或轴线。

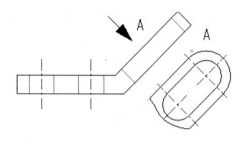

图 4-41　局部斜视图

4.3.7　详细视图

详细视图是指在另一个视图中放大显示当前视图中的细小部分，这对观察模型上的某些细小结构如退刀槽、圆角、倒角、凹坑、孔等有很大帮助。其和局部放大视图的区别是后者在指定放大区域的同时，将父视图其他部分删除；而前者是保留父视图不变，在新的视图中放大所指定的区域。创建详细视图主要包括指定视图中心点、确定放大区域和放置详细视图3 个步骤。

在"布局"选项卡的"模型视图"面板中单击"详细"按钮。如图 4-42，在右下侧要放大的区域某个图线上单击，确定视图中心点。然后围绕该点绘制样条线确定放大区域。按中键完成样条曲线的绘制，然后在图中适当位置单击，确定详细视图的放置位置，即可完成详细视图的绘制，效果如图 4-42 所示。需要注意的是，所创建的详细视图的边界是前面所绘的样条曲线，而不是父视图中所显示的圆。该圆仅仅是在创建详细视图后，父视图中放大区域边界的显示样式。详细视图的表达方案和其父视图一致。双击已创建的详细视图，在打开对话框的"父项视图上的边界类型"下拉列表中提供了 5 种边界样式供选择，如图 4-43 所示。

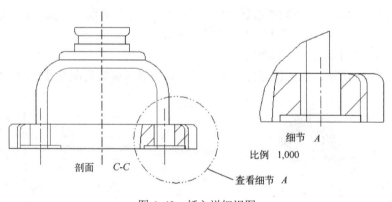

图 4-42　插入详细视图

这 5 种边界的含义介绍如下。

圆：在父视图中显示圆形边界。

椭圆：在父视图中显示椭圆形边界。

水平/垂直椭圆：在父视图中显示具有水平或垂直主轴的椭圆作为边界。

样条：在父视图中直接使用所绘制样条曲线作为边界。

图 4-43 详细视图属性设置

ASME94 圆：在父视图中将符合 ASME 标准的圆作为边界。

此外默认情况下，详细视图的放大比例是其父视图的 2 倍，用户也可以为详细视图重新设置放大比例。只需双击详细视图，在打开的对话框中选择"比例"选项，然后选择"定义比例"单选按钮，即可完成详细视图的比例调整。

注意：用于定义放大区域的样条曲线自身不能相交，绘制完成后，单击鼠标中键，样条曲线将自动闭合。此时系统将以该样条曲线和前面所指定的视图中心点为参照，自动创建视图的放大区域。

4.3.8 旋转视图（断面图）

旋转视图（准确地说应该是断面图），用于表示某个截面的断面形状。其表达方式为用一个剖切面切断零件，然后将断面翻转 90°进行投影，为了清晰，一般绘制在视图外部，称之为移出断面。如果绘制在视图上，则称为重合断面。

绘制如图 4-44 所示连接杆断面旋转视图。

首先如图 4-45 所示，插入该零件的主视图，作为插入旋转视图（断面图）的父视图。

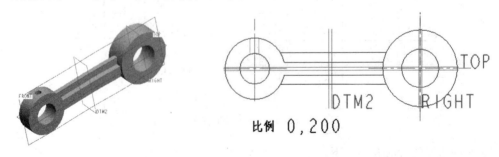

图 4-44 连接杆模型图   图 4-45 绘制主视图

如图 4-46 所示，单击"旋转"按钮，选取现有主视图为父视图，并在父视图上方一点单击作为旋转视图（断面图）的放置中心。弹出"绘图视图"对话框，如图 4-47 所示。在"旋转视图属性"区的"截面"后选择"创建新..."，弹出如图 4-48 所示的菜单管理器。选择"平面"→"单一"→"完成"选项，在弹出的文本框中输入截面名称"A"。接着在父视图中选取作为旋转剖面的剖切平面"DTM2"，即可创建旋转视图，效果如图 4-49 所示。

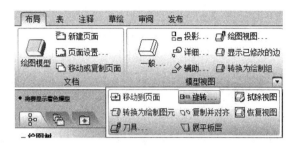

图 4-46　插入旋转视图

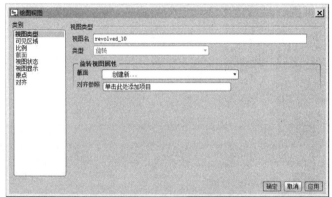

图 4-47　"绘图视图"对话框　　　　图 4-48　菜单管理器-剖切面创建

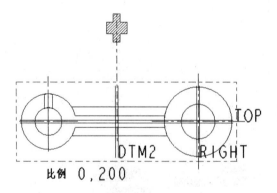

图 4-49　插入旋转视图（断面图）

4.3.9　旋转剖视图

旋转剖视图是用两个相交剖切平面剖开零件，并将倾斜部分旋转到与基本投影面平行的位置进行投影所创建的剖视图。一般用于零件的两个部分相互倾斜并具有共同的回转轴线。如图 4-50 所示喷射器壳体，两法兰结构相互倾斜并具有共同的回转轴线。主视图采用旋转剖表达更为合适。

创建旋转剖视图时必须标出剖切位置，在它的起始和转折处用相同字母标出，并指明投影方向。

图 4-50 所示为一喷射器壳体的主视图和俯视图，现将主视图转化为旋转剖视图。

首先双击主视图，如图 4-51 所示，弹出"绘图视图"对话框，选择"截面"选项，并选择"2D 剖面"单选按钮。接着单击"添加"按钮。在打开的菜单中选择"偏移"→"单侧"→"单一"→"完成"选项，如图 4-52 所示。此时在打开的提示栏中输入截面名称为 A 并按〈Enter〉键。在建模界面上弹出图 4-53 所示"菜单管理器"用于设置草绘平面。指定 FRONT 平面为草绘平面，接受默认的草绘方向，进入草绘环境，如图 4-54 所示，增加 DTM3 为草绘参照。如图 4-55 绘制两段相连直线完全穿过零件。返回到工程图环境，在"绘图视图"对话框中指定"剖切区域"为"全部（对齐）"，单击"轴显示"按钮，将视图所有轴线显示。接着指定如图 4-56 所示主视图中间轴线 A_6 为对齐参照轴，单击"箭头显示"并选择俯视图为显示箭头视图，最后单击"确定"按钮，创建旋转剖视图，结果如图 4-57 所示。

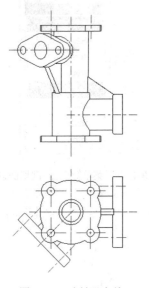

图 4-50　喷射器壳体　　　　　　　　　　图 4-51　设置 2D 剖面属性

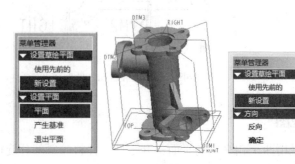

图 4-52　设置创建剖截面　　　　图 4-53　设置草绘平面和草绘视图方向

图 4-54　增加草绘参照

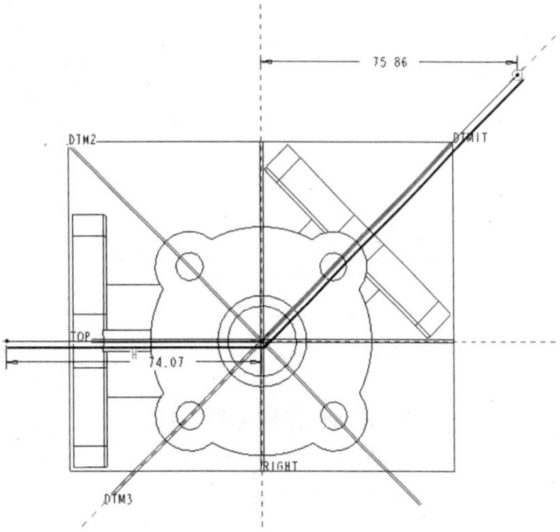

图 4-55　绘制剖切位置直线

图 4-56　设置旋转剖

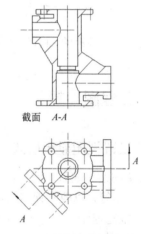

图 4-57　主视图旋转剖

4.3.10　破断视图

破断视图可用于切除零件上冗长且结构单一的部分。如一些长轴、连杆等，中间的结构没有变化，便可以通过破断视图，进行简化表示，避免绘制很长的图形。

如图 4-58 所示，双击需要修改为破断视图的视图，在弹出的"绘图视图"对话框中选择"可见区域"选项，并在"视图可见性"下拉列表中选择"破断视图"，如图 4-59 所示。然后单击"添加断点"按钮，选取如图所示的边上一点确定破断点，向下拖动会延伸出一条直线（即破断线的方向）。在合适位置单击，即可创建第一条破断线。接着按照同样的方法绘制第二条破断线，如图 4-60 所示。最后在"破断线造型"下拉列表中指定破断线造型为"直"，并单击"确定"按钮即可创建剖断视图，效果如图 4-61 所示。所绘制的破断线只能垂直或平行于所指定的几何参照。在"绘图视图"对话框的"破断线造型"下拉列表中提供有 6 种破断线的样式供用户选择。

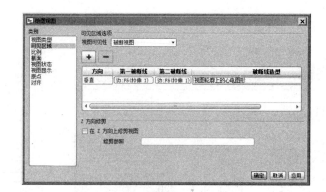

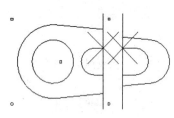

图 4-58　完整视图　　　　　　　　　　　　图 4-59　设置为剖断视图

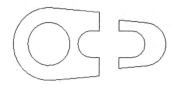

图 4-60　设置剖断位置　　　　　　　　　　图 4-61　剖断视图

4.4　工程图编辑

4.4.1　设置视图显示模式

视图创建完成后，通过控制视图的显示，如视图的可见性、视图边线显示和组件视图中的元件显示等，以改善视图的显示效果。

1．视图显示

在组件的绘图视图中，可以对单个元件的显示状态进行控制，如可以控制其消隐显示、显示类型或者是否遮蔽等。

如图 4-62 所示，"绘制视图"对话框中"视图显示"选项卡中各项含义如下。

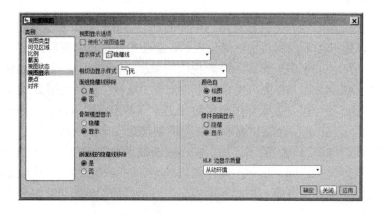

图 4-62　"视图显示"设置

（1）显示样式

选择视图的显示样式，如图 4-63 所示。可用的显示样式包括如下几种。

1）从动环境：输入来自 Pro/ENGINEER Wildfire 2.0 或更早版本、并以"缺省"（Default）选项保存的绘图，此选项是为这些绘图保留的。在 Pro/ENGINEER Wildfire 3.0 中更新了这些绘图后，"缺省"（Default）选项将变成"从动环境"（Follow Environment）而视图将被当做 Pro/ENGINEER Wildfire 3.0 的绘图。

2）线框：用线框方式显示模型视图。

3）隐藏线：显示隐藏线的方式。

4）消隐：不显示隐藏线的方式。

5）着色：显示成面着色模式。

效果如图 4-64 所示。

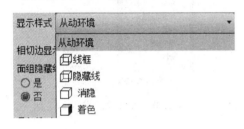

图 4-63　显示样式设置

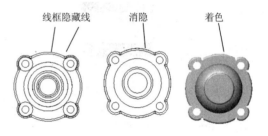

图 4-64　显示效果比对

（2）相切边显示样式

设置相切边是否显示，如图 4-65 所示。

1）缺省：使用"工具"（Tools）→"环境"（Environment）→"相切边"（Tangent Edges）的设置。

2）无：不显示相切边。

3）实线：相切边用实线显示。

4）灰色：用灰色线显示相切边。

5）中心线：相切边用中心线显示。

6）双点划线：相切边用双点画线显示。

（3）装配体中元件的显示模式设置

1）如果要控制装配体绘图视图中单个元件

图 4-65　相切边显示样式设置

的显示模式，可单击"布局选项卡"中的"格式化"面板中的"元件显示"按钮，如图 4-66 所示。此时弹出如图 4-67 所示的"菜单管理器"。在打开的菜单中选择"消隐显示"选项，并选取一个元件单击中键。然后在打开的"消隐显示"菜单中选择"隐藏线"→"完成"选项，并连续单击中键两次，即可将所选元件以隐藏线样式显示。

图 4-66　"元件显示"按钮

2）显示类型可以控制所选元件的线条显示类型，如图 4-68 共有 4 种：标准、不透明虚线、透明虚线和用户颜色。单击"元件显示"按钮，在打开的菜单中选择"类型"选项，并选取一元件单击中键。然后在打开的"成员类型"菜单中选择显示的类型，再连续单击中键两次即可。

图 4-67　消隐显示　　　　　　图 4-68　线条类型和元件遮蔽设置

3）遮蔽元件。装配体视图往往比较复杂，导致视图比较繁乱，此时便可以遮蔽一些暂时不用的元件，使视图更加整洁。也可以用于装配图中的拆卸画法，以排除某个零件。同样可以取消遮蔽，将元件恢复到原状。单击"元件显示"按钮，在打开的菜单中选择"遮蔽"选项，并选取要遮蔽的元件单击中键，结果将所选元件遮蔽。要取消遮蔽，可在"成员显示"菜单中选择"取消遮蔽"选项，并选取一视图，然后选取要恢复的元件，单击中键将所选元件恢复。

2．边控制显示

除了可以控制整个视图或单个元件的显示状态之外，在 Pro/E 中还可以对视图中各条边进行显示的控制，从更细微处控制视图显示效果。单击"边显示"按钮，在打开的"边显示"菜单中提供了边显示的多种类型，如图 4-69 所示。使用时，选择显示类型后，在视图中选择需要修改的边，然后单击中键确认。边显示功能介绍如下所述。

1）拭除直线。将所选边线拭除，即从模型中隐藏，如图 4-70 所示。

2）线框。将拭除的边线或视图的隐藏线以实线形式显示。

3）隐藏方式。将所选边线以隐藏线形式显示，其对象可以是任意的边线。

4）隐藏线。将所选边线以隐藏线显示，其对象必须是可隐藏的边线。

5）消隐。将所选边线以消隐形式显示。其对象必须是可消隐的边线。

图 4-69　边显示

6）切线类型。将所选切线如倒圆角的切线，以实线、中心线、虚线或灰色形式显示。如果要将切线恢复为原来状态，可选择"切线实线"选项。

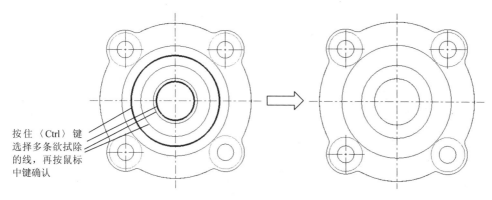

按住〈Ctrl〉键
选择多条欲拭除
的线，再按鼠标
中键确认

图 4-70　拭除直线

3. 显示视图栅格

视图栅格类似于捕捉线，主要用于将详细项目，如尺寸、注释、尺寸公差、符号和表面光洁度等进行精确定位，便于摆放整齐。

如图 4-71 所示，通过单击"草绘"面板中的"绘制栅格"按钮，或"视图"菜单中"绘制栅格"菜单弹出相应的"菜单管理器"，如图 4-72 所示。选中"显示栅格"打开栅格设置子菜单。用户可以设置栅格的类型，包括笛卡儿坐标和极坐标两种形式。也可以设置栅格的原点以及设置相应的坐标系的参数。如笛卡儿坐标系中的 XY 坐标的单位和角度，极坐标中的角间距、线数、径向间距角度等。显示效果如图 4-73 所示。

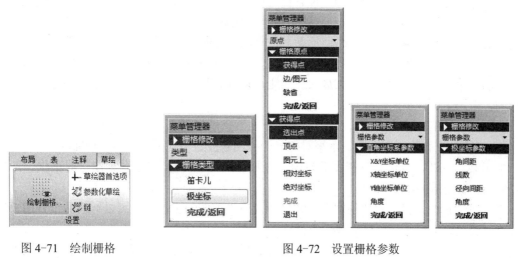

图 4-71　绘制栅格　　　　　　图 4-72　设置栅格参数

图 4-73　笛卡儿和极坐标显示栅格

使用栅格时，可以打开如图 4-71 中的"草绘器首选项"，选择"栅格交点"，如图 4-74 所示。标注尺寸或注释等，将会自动捕捉到栅格的交点。

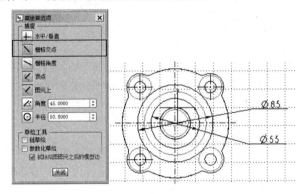

图 4-74　使用栅格

4.4.2　视图操作

为了提高所创建工程图的正确性、合理性和完整性，经常需要进一步调整视图，进行包括移动、删除、对齐、拭除或锁定等操作，以获得所需的视图设计效果。

1．移动或锁定视图

当添加各类视图后，默认情况下这些视图均处于锁定状态，即这些视图均无法移动。通过解除视图的锁定状态，并对视图的位置进行移动调整，使视图的布局达到最佳效果。要解除视图的锁定，可选取视图并单击右键在打开的快捷菜单中取消"锁定视图移动"前的勾选。此时原有视图周围的红色虚线框角点上将出现小方框，在光标成 4 个方向的箭头时，单击鼠标左键可对视图进行移动。对于投影视图、辅助视图、旋转视图，移动方向限于满足投影关系的方向。对一般视图、局部放大图等则可以任意移动。如果要任意移动满足投影关系的视图，采用下面介绍的解除对齐关系即可。

2．对齐视图

Pro/E 提供了解除视图关系、水平对齐另一视图和竖直对齐另一视图的功能。

双击某一视图，或选择该视图后右击，选择"属性"，弹出"绘图视图"对话框。选择"对齐"选项，如图 4-75 所示。

在该对话框中，将"将此视图与其他视图对齐"前的勾去掉，则可以解除两个视图直接的投影对应关系，实现任意移动视图的目标。

如果之前移动了某一视图，使两视图失去了投影对应关系，此时，可以将该选项选中，重新实现它们之间的对应。如果该视图和另一视图为投影对应关系产生，则与之对齐的视图不可更改。如果属于一般视图、局部放大图等，则如图 4-76 所示，可以选择该视图想要对齐的参照视图，并设置对齐的方向和参照。

双击局部放大图，在"视图绘图"对话框中，选择"对齐"选项卡。勾选"将此视图与其他视图对齐"，然后选择图 4-77 所示的右侧视图。选择"水平"，选择对齐参照中"此视图上的点"后的"定制"，然后选择局部放大图上的最下面的水平线，再选择"其他视图上的点"下的"定制"，选择图 4-77 右侧视图最下面的水平线。单击"确定"按钮。结果如图 4-78 所示。这两个视图将会按照选定的参照边水平方向对齐。随后该视图仅可以左右

（水平）方向移动，受到水平对齐的约束。

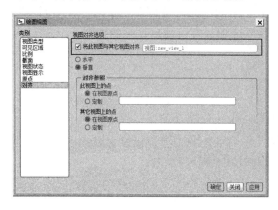

图 4-75　投影视图的对齐选项　　　　　图 4-76　一般视图的对齐选项

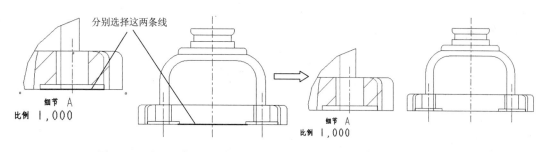

图 4-77　设置对齐参照　　　　　　　　图 4-78　对齐结果

3．删除、拭除和恢复视图

删除是将现有的视图从图形文件中清除掉，所删除的视图将不可恢复。而拭除视图只是从当前界面中隐藏，但所拭除的视图还可以通过相应的工具将其重新调出以便再次使用。

1）删除视图。删除视图的方法，一是直接单击视图或在"绘图树"上单击视图名称选取视图后，按〈Delete〉键删除或在"标准工具栏"中单击"删除"按钮 ✕ 或执行"编辑""删除"菜单；二是在选取视图后，单击鼠标右键，在打开的快捷菜单中选择"删除"选项。

2）拭除视图。拭除视图只是暂时将视图隐藏，当需要使用时，还可以将视图恢复为正常显示状态。当拭除一父视图时，该父视图相关的子视图将保持不变，但当删除一父视图时，与该视图相关的子视图也将一并删除。如图 4-79 所示，在"布局"选项卡，"模型视图"面板中单击"拭除视图"按钮，选取要拭除的视图对象，此时该视图所在的位置将显示一个矩形框和一个视图名称标识，效果如图 4-80 所示。

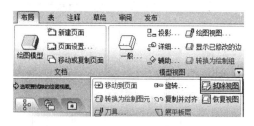

图 4-79　拭除视图按钮

图 4-80　拭除视图结果

3）恢复视图。如果要在当前页面上恢复已拭除的视图，则可以在"模型视图"面板中单击"恢复视图"按钮，然后在弹出的如图 4-80 所示的"菜单管理器"中的"视图名"菜单中选择需要恢复的视图选项，并选择"完成选取"选项，即可恢复拭除的视图。

4.5 尺寸标注及其编辑

工程图中，尺寸是非常重要的不可或缺的元素。尺寸必须齐全、合理、清晰，符合国家技术制图的标准要求。同时，工程图中一般也包含必不可少的注释和表格等内容。本节将介绍有关尺寸标注、尺寸编辑修改以及注释的注写和表格的制作方法。

4.5.1 标注尺寸

Pro/E 中可以通过手动进行尺寸标注，也可以由 Pro/E 自动进行标注。下面以图 4-81 所示零件图为例进行介绍。

1. 自动标注尺寸

单击"注释"选项卡"插入"面板中的"显示模型注释"按钮，如图 4-82 所示，弹出图 4-83 所示的"显示模型注释"对话框。在该对话框中，选择第一个选项卡"尺寸"。再选择欲添加尺寸的视图，可以按〈Ctrl〉键选择多个视图。

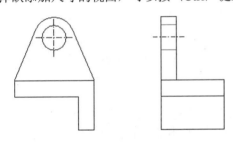

图 4-81　零件图视图

图 4-82　显示模型注释按钮

在对话框中将列出所选视图上可以标注的尺寸，依次将需要标注的尺寸前的复选框勾选上，单击"应用"按钮，则视图上将标注出所选定的尺寸，单击"确定"按钮接受自动标注的尺寸，结果如图 4-84 所示。一般情况下，自动标注的尺寸会有部分不符合我国标准或标注习惯，需要手动进行调整。

图 4-83　显示模型注释对话框

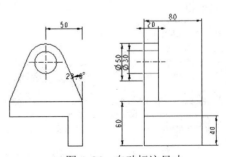

图 4-84　自动标注尺寸

2．手动标注尺寸

如果自动标注的尺寸不符合要求，则可以改为手工进行标注，或将手工标注和自动标注结合起来进行。

单击"注释"选项卡"插入"面板中的"尺寸"按钮，如图 4-85 所示。弹出尺寸标注"依附类型"的菜单管理器，用于设置标注的对象，如图 4-86 所示。

如图 4-87 所示，在主视图中标注了 4 个尺寸。标注的方法和草绘一致。如要标注直径尺寸，需要单击两次同一个圆弧，单击中键确定尺寸摆放位置。

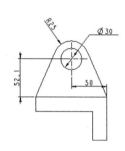

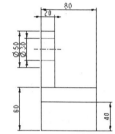

图 4-85　尺寸标注按钮　　图 4-86　尺寸标注对象设置　　图 4-87　手工标注尺寸

4.5.2　尺寸编辑

1．尺寸删除

如果需要删除标注不合理的尺寸，则选中标注的尺寸后，按〈Delete〉键删除。也可以在选中尺寸后右击选择"删除"菜单删除。可以同时选择多个尺寸一起删除。

2．调整尺寸位置

尺寸标注的位置可以移动或调整到不同的视图上。选中尺寸后，将会出现红色小方框表示的控制点，单击鼠标左键移动这些控制点，可以改变尺寸的位置，倾斜的角度等。图 4-88 所示为调整了部分尺寸位置后的结果。

要将尺寸调整到不同的视图上进行标注，可以选中一个或多个尺寸，右击鼠标，弹出图 4-89 所示的快捷菜单。选择"将项目移动到视图"，并单击要移动到的视图即可。图 4-90 为将尺寸 40 移动到主视图上。

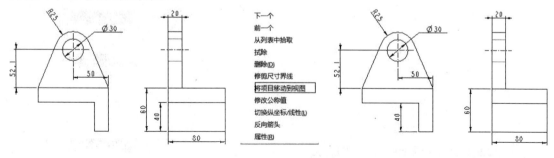

图 4-88　尺寸位置调整　　图 4-89　尺寸编辑　　　图 4-90　移动尺寸标注视图
　　　　　　　　　　　　　　　　　快捷菜单

3．反向箭头

如果尺寸箭头需要标注在外侧或换到内侧，则可以选中尺寸后，右击鼠标，选择"反向箭头"菜单。如果一次反向效果不合适，可以再次进行反向箭头操作。如图 4-91 所示是将直径"φ30"的标注箭头进行了两次反向，将"52.1"的尺寸箭头换到内侧后的效果。可以选择多个尺寸同时进行箭头反向操作。

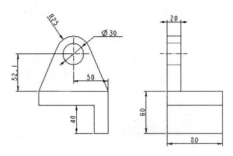

图 4-91　反向箭头效果

4.5.3　添加注释

工程图中的注释是必不可少的。要添加注释，单击"注释"选项卡"插入"面板中的"注释"按钮。如图 4-92 所示。弹出"注释类型"菜单管理器用于设置注释的一些参数，如图 4-93 所示。在图 4-93 所示的菜单中，可以设置引线的模式、位置、文本的来源、文本的方向、复合指引模式、文本对齐方式、文本样式等。单击"进行注释"菜单。弹出图 4-94 所示的设置注释位置的菜单。在图纸上单击注释摆放位置，弹出图 4-95 所示的"输入注释"框，并同时弹出图 4-96 所示的"文本符号"框。用于输入注释内容。可以通过按〈Enter〉键输入多行文本。输入完毕，单击"确定"按钮▣。如果要放弃，则单击"放弃"按钮✖。

图 4-92　插入注释按钮　　　　　　　　　　　图 4-93　注释参数设置

图 4-94　注释位置设置　　　　　图 4-95　输入注释　　　　　图 4-96　文本符号

4.5.4　插入表格

工程图中的标题栏和装配图中的明细表以及齿轮参数表等，都可以通过插入表格的方法简便插入。

如图 4-97 所示，打开"表"选项卡，单击"表"面板中的"表"按钮，弹出如图 4-98 所示的"创建表"菜单管理器。包括创建"升序"或"降序"表格，表格对齐方式是"右对齐"或"左对齐"，表格单元格长度"按字符数"或"按长度"确定。插入表格的位置控制点则包括了"选出点"、"顶点"、"图元上"、"相对坐标"、"绝对坐标"几种方式。解释如下所述。

1）升序：表格从下往上绘制，即插入点在表的下侧。

2）降序：表格从上往下绘制，即插入点在表的上侧。

图 4-97　表按钮　　图 4-98　创建表菜单

3）右对齐：表格从左往右绘制。

4）左对齐：表格从右往左绘制。

5）按字符数：按照字符数的个数确定表格单元格的长度和高度。

6）按长度：按照给定的数值，单位为图纸的绘图单位，确定单元格的长度和高度。如图 4-99 所示。

7）选出点：拾取一个点，作为表的插入点。

8）顶点：选择一顶点作为表的插入点。

9）图元上：拾取图元上的点作为表的插入点。

10）相对坐标：以输入的相对坐标作为表的插入点。

11）绝对坐标：以输入的数值作为绝对坐标确定表的插入点。

图 4-99　输入表单元格宽度和高度

以插入标题栏为例介绍如何插入和编辑表格。

单击"表"按钮，分别设置为：升序、左对齐、按长度、绝对坐标。此时在如图 4-100 所示的文本框中输入"297"作为 X 轴绝对坐标，按〈Enter〉键后输入"0"作为 Y 轴绝对坐标，（图纸设置为 A4 大小）。再次按〈Enter〉键，要求输入第一列的宽带，输入 15 后按〈Enter〉键，依此类推，分别输入 15、15、15、20、20、20 作为表格的单元格宽度。不输入值，按〈Enter〉键后结束宽度设置。此宽度值为从右向左的每列的宽度。然后输入 8 作为行高。共设置 4 行，行高为 8，按〈Enter〉键后在图纸边线的右下角出现如图 4-101 所示的表格。

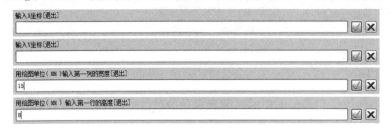

图 4-100　设置插入点以及单元格的宽度和高度

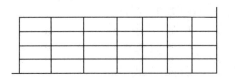

图 4-101　插入的表格

选中表格最左上角的单元格，按住〈Ctrl〉键，选择第二行第三列的单元格，再单击如图 4-102 所示的"合并单元格"按钮。用同样的方法，选择第三行第四单元格，按住〈Ctrl〉选择最右下角的单元格，单击"合并单元格"按钮。再选中第二行，最后一个单元格，按住〈Ctrl〉选择第二行倒数第三个单元格，单击"合并单元格"按钮，结果如图 4-103 所示。

图 4-102　合并单元格按钮

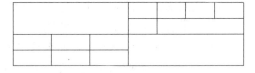

图 4-103　合并单元格

双击左上角单元格，弹出图 4-104 所示的"注释属性"对话框。在"文本"选项卡中，输入"支架"，切换到"文本样式"选项卡，按照图 4-105 所示，设置高度为 10，宽度因子为 0.7，水平为"中心"、垂直为"中间"对齐方式，单击"确定"按钮，结果如图 4-106 所示。

参照图 4-107，用同样的方法，完成标题栏中文本的添加。占单行的文本字高设为 5。

目前绘制的标题栏位置在图纸的边缘，不在图框右下角。通过"移动特殊"的方式移动标题栏到正确的位置。

选中整个表格，在光标移动到四个角点中任一个，出现四个方向箭头时右击鼠标，弹出图 4-108 所示的快捷菜单，选择"移动特殊"。弹出图 4-109 所示的"移动特"框。输入

"292"和"5",单击"确定"按钮,将标题栏往左和上分别移动 5 mm。

图 4-104　输入注释内容

图 4-105　设置文本样式

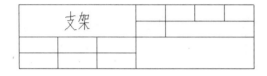

图 4-106　设置文本属性效果

图 4-107　完成标题栏表格

图 4-108　移动特殊菜单

图 4-109　移动特殊编辑框

4.6　尺寸公差和几何公差

4.6.1　尺寸公差

零件工程图中的尺寸都有精度要求,一般用公差来表示。大部分的尺寸采用了缺省公差,其他的重要尺寸则需要明确标明具体的公差,包括代号或数值两种表示方法。代号可以通过添加后缀的方式进行标注。上下偏差的形式则使用以下的方法标注。

将尺寸φ30 改为上下偏差形式。选中需要显示公差的尺寸φ30，右击，弹出菜单后选择"属性"，如图 4-110 所示。在"公差模式"中，选择"加-减"，"上公差"设置为+0.01，"下公差"设置为0。单击"确定"按钮，结果如图 4-111 所示。

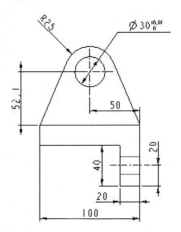

图 4-110　公差显示模式　　　　　图 4-111　增加公差

4.6.2　几何公差

几何公差（亦称形位公差），包括形状公差和位置公差，属于零件图的重要技术要求之一。如图 4-112 所示，选中"注释"选项卡，单击"插入"面板中的几何公差按钮，弹出图 4-113 所示的"几何公差"对话框。

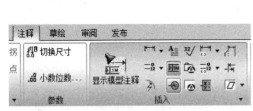

图 4-112　几何公差按钮　　　　　图 4-113　"几何公差"对话框

该对话框中，左侧两列是几何公差项目，共 14 个。中间则是 5 个选项卡，分别是"模型参照"、"基准参照"、"公差值"、"符号"和"附加文本"。

1）模型参照

模型参照用于设置模型来源、选定参照的类型、设置几何公差放置的类型，如图 4-114 所示。

① 参照类型列表根据选择的几何公差项目不同而有所区别。一般指的是参照图元、轴、边、曲面或基准、特征等。

② 放置类型主要用于设置放置的位置、方向等。包括尺寸、尺寸弯头、法向引线、切向引线、注解弯头、带引线或附着于其他几何公差。

图 4-114　模型参照设置

2）基准参照

基准参照用于设置几何公差的基准参照，如图 4-115 所示。不同的公差，需要的基准参照并不相同。

3）公差值

公差值用于设置具体的形位公差数值，如图 4-116 所示。

图 4-115　基准参照选项卡

图 4-116　公差值选项卡

4）符号

如图 4-117 所示，符号选项卡用于添加标注几何公差需要的符号。添加时在需要的符号种类前将复选框勾选上即可。

5）附加文本

附加文本用于在公差上方或右侧添加附加的文本，也可以添加前缀和后缀，如图 4-118 所示。

图 4-117　符号选项卡

图 4-118　附加文本选项卡

【例 4-1】 标注如图 4-119 所示支架两安装平面垂直度为 0.01。直径ϕ30 的孔的轴线的直线度为ϕ0.01。

该垂直度为位置公差，带有基准。应该首先在建模界面插入基准和几何公差，再在工程图中显示基准和几何公差。

1）创建基准。在建模界面单击基准平面按钮，选择下方打两孔的表面为参照，创建一基准平面，并将其改名为 A。

2）单击"插入"→"注释"→"几何公差"，弹出图 4-120 所示的"几何公差"菜单管理器。选择"设置基准"，单击基准平面 A。弹出如图 4-121 所示的"基准"对话框，选择第三个基准符号的类型。单击"确定"按钮。模型如图 4-119 所示，显示一个基准 A 的符号。

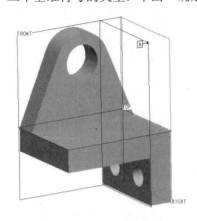

图 4-119　插入基准 A　　　　图 4-120　"几何公差"　　　　图 4-121　"基准"对话框
　　　　　　　　　　　　　　　菜单管理器

3）在"几何公差"菜单管理器中，单击"指定公差"。弹出"几何公差"对话框。如图 4-122 所示。在"基准参照"选项卡下，拉开"首要"→"基本"后面的下拉箭头，选择"A"。

4）按照图 4-123 设置标注参数值。

图 4-122　设置垂直度公差基准　　　　　　　图 4-123　设置公差值

5）如图 4-124，在"模型参照"选项卡下，设置放置位置为"法向引线"，并选择下面的底面边线为参照，单击"确定"按钮，结果如图 4-125 所示。

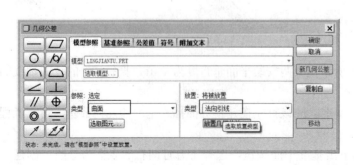
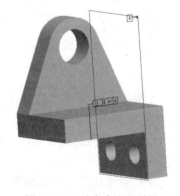

图 4-124　设置放置位置　　　　　　　图 4-125　垂直度注释效果

6）工程图中显示该几何公差。切换到工程图界面下按〈Ctrl+A〉激活。单击"注释"→"插入"→"显示模型注释"按钮。弹出如图 4-126 所示的"显示模型注释"对话框。选择"几何公差"选项卡，模型界面设置的公差在这里给列出来了。选中并应用，即可在工程图上显示该公差，如图 4-127 所示。

图 4-126　显示几何公差列表

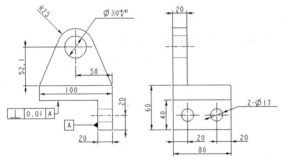

图 4-127　显示效果

7）调整显示的几何公差位置，添加垂直度公差结果如图 4-128 所示。

8）单击"注释"→"插入"→"几何公差"按钮，弹出图 4-129 所示的"几何公差"对话框。选中"直线度"并在"参照"中选择"轴"，图形上拾取 φ30 的孔的轴线。"放置"中选择"法向引线"的类型，并在摆放该公差值的位置单击鼠标中键。

图 4-128　调整公差位置

图 4-129　"几何公差"对话框

9）在"公差值"选项卡中输入公差值 0.01，在"符号"选项卡中将"φ直径符号"勾选上。

10）单击"确定"按钮完成该直线度公差的标注，结果如图 4-130 所示。

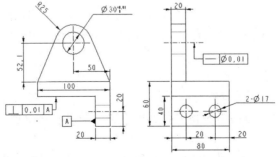

图 4-130　几何公差标注效果

4.6.3 表面精度

零件的每个表面通过何种方式获得，主要由表面精度（光洁度）要求来决定。所以，零件的每个表面均有相应的精度要求。下面介绍如何在工程图中创建表面精度标注。

如图 4-131，单击"注释"选项卡"插入"面板中的"表面光洁度"按钮，弹出图4-132所示的"得到符号"菜单管理器，用于选择符号的来源。

图 4-131　表面光洁度符号按钮　　　　　　图 4-132　"得到符号"菜单管理器

1）名称：通过名称选择表面光洁度符号，如果图形中插入过表面光洁度符号，则会在下方显示出来。

2）选出实例：与在图形中选择的现有实例一致

3）检索：从图形符号库中检索表面光洁度符号。弹出图 4-133 所示"打开"对话框，选择"machined"目录下的"standard1.sym"文件打开。

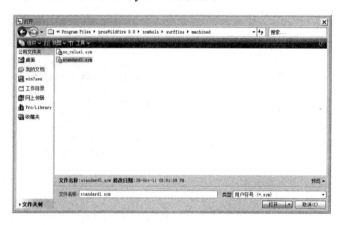

图 4-133　"打开"对话框

然后弹出"实例依附"菜单，如图4-134，选择一种实例依附模式。

4）引线：通过引线来附加该符号。需要设置引线的"依附类型"和"箭头"类型，如图4-135所示。

5）图元：将符号附着在一条边上或图元上。

6）法向：将符号垂直于选择的边或图元。

7）无引线：不依赖于方向指引和附着图形。随后弹出"获得点"菜单。选择一种定义点的方式并确定点位置。

8）偏移：选取一个尺寸、尺寸箭头、几何公差、注释、符号实例或一个参照尺寸来放置一个不带引线的符号。

图 4-134 "实例依附"菜单   图 4-135 符号放置位置

4.6.4 定制表面精度符号

Pro/E 自带的表面光洁度符号不符合我国国家标准，需要定制符合要求的符号。

1）首先插入一个现有的表面光洁度符号，然后在此基础上修改后保存成定制的符号。单击插入"表面光洁度"按钮，在弹出的"得到符号"菜单管理器中选择"检索"，在"打开"对话框中，选择"machined"目录下的"standard1.sym"文件并打开。再选择"无引线"，在屏幕上空白位置单击，使用默认粗糙度值 32，按〈Enter〉键，再单击"退出"→"完成/返回"。完成一个表面粗糙度符号的插入。

2）定制新的表面粗糙度符号"ccd"。如图 4-136 所示，单击"注释"选项卡下的"格式化"面板中的向下的小箭头，在弹出的按钮中选择"符号库"。打开图 4-137 所示的"符号库"菜单管理器，选择"定义"。在如图 4-138 所示的文本框中输入定义的符号名"ccd"，按〈Enter〉键。

图 4-136 符号库按钮

图 4-137 "符号库"菜单管理器   图 4-138 输入定义符号名

3）如图 4-139，在弹出的菜单管理器中，选择"绘图复制"，并选择刚才插入的表面光洁度符号。单击"确定"按钮或单击鼠标中键，完成选取。此时在屏幕上出现如图 4-140 所示的符号样式。

4）单击"直线"按钮，此时弹出如图 4-141 所示的"捕捉参照"对话框，单击其中的拾取箭头按钮，选择插入的表面光洁度右上侧的直线。

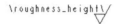

图 4-139 定义符号方式　　　　图 4-140 符号样式　　　　图 4-141 "捕捉参照"对话框

5）单击"直线"按钮，选择斜线的最右上顶点为起始点，右击鼠标，弹出如图 4-142 所示的快捷菜单，选择"角度"并在输入框中输入 0，按〈Enter〉键。向右绘制一条直线，单击鼠标中键结束直线的绘制，并单击"关闭"退出"捕捉参照"对话框，如图 4-143 所示。

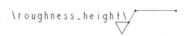

图 4-142 设置绘图方向　　　　　　　　图 4-143 绘制一水平线

6）单击图 4-139 中的"属性"菜单项，弹出图 4-144 所示的"符号定义属性"对话框。勾选"自由"，在弹出的图 4-145 的菜单中，选择"顶点"并拾取粗糙度符号的最下方的顶点。同样分别勾选"图元上"、"垂直于图元"、"左引线"、"右引线"，并拾取粗糙度符号上的最下侧顶点。单击"确定"按钮，关闭"符号定义属性"对话框。

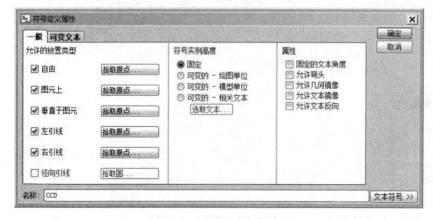

图 4-144 符号定义属性　　　　　　　　图 4-145 顶点模式

7）选中粗糙度符号中的可变文本，单击鼠标右键，快捷菜单中选择"属性"，弹出图 4-146 所示的"注释属性"对话框。切换到"文本样式"选项卡，设置"注释/尺寸"区的"水平"对齐方式为"左"。单击"确定"按钮，退出注释属性修改。

8）选中可变文本，向右下侧移动到合适位置，如图 4-147 所示。

图 4-146 "注释属性"对话框

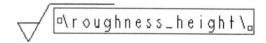

图 4-147 移动文本位置

9）单击菜单管理器中的"完成"按钮，再次单击菜单管理器中的"写入"，单击"保存"按钮 。单击"符号库"菜单管理器中的"完成"按钮。该粗糙度符号创建完毕。

此时可以通过单击插入"表面光洁度"按钮，使用"名称""CCD"或检索到刚才保存的文件来插入新建的表面粗糙度符号。

【例 4-2】 如图 4-148 所示，在支架零件工程图中添加 3 个表面精度符号，并在技术要求中添加"未注表面粗糙度为 Ra12.5"。

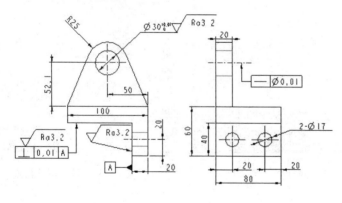

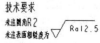

图 4-148 增加表面粗糙度

单击插入"表面光洁度"按钮，在弹出的菜单管理器中选择"检索"，弹出"打开"对话框，选择保存目录下的"ccd.sym"文件打开。弹出"实例依附"菜单，选择"引线"，并在基准 A 所在的直线上合适位置单击。在放置位置单击，并在粗糙度值文本框中输入Ra3.2，按〈Enter〉键，插入该粗糙度符号。

再次单击插入"表面光洁度"按钮，在弹出的菜单中选择"名称"，单击"ccd"，然后选择"偏移"，选择尺寸φ30，然后在尺寸φ30 后的合适位置单击鼠标，同样输入粗糙度值Ra3.2，按〈Enter〉键。完成该粗糙度符号的插入。采用同样的方法在垂直度方框上插入粗糙度 Ra3.2。用同样的方法，在技术要求后增加一条技术要求并添加粗糙度符号，值为Ra12.5，单击鼠标中键，并单击"完成/返回"，结果如图 4-148 所示。

4.7 工程图实例

【例4-3】 绘制如图 4-149 所示的齿轮油泵泵体零件工程图。

1. 新建工程图

单击"新建"按钮，弹出如图 4-150 所示的"新建"对话框。选择"绘图"，输入名称"chilunyoubengbengti"并去掉使用缺省模板复选框，单击"确定"按钮。

2. 设置图纸格式

在图 4-151 所示的对话框中，确认使用的模型是"bengti.prt"，如果没有打开该零件，则单击"浏览"按钮，找到该零件打开。并设置模板为"空"，方向"横向"，大小"A4"。单击"确定"按钮进入绘图界面。

图 4-149　齿轮油泵泵体

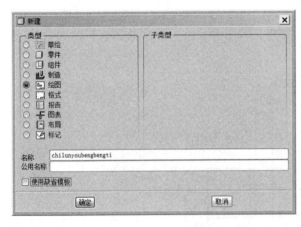

图 4-150　"新建"对话框

图 4-151　设置图纸格式

3. 插入主视图

单击"布局"选项卡"模型视图"面板中的"一般视图"按钮，在图纸中间偏上位置单击，插入一般视图。在弹出的图 4-152 所示的对话框中，选择"视图类型"为"FRONT"。在图 4-153 所示的对话框中，选择"视图显示"为"消隐"。单击"确定"按钮，结果如图 4-154 所示。

图 4-152　设置投影方向

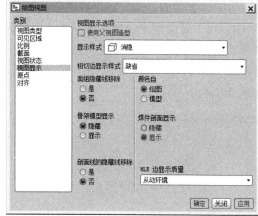

图 4-153　设置视图显示状态

4．插入全剖右视图

选中主视图，右击鼠标，选择"插入投影视图"，移动到主视图左侧合适位置单击，插入右视图。双击该视图，弹出图 4-155 所示的"绘图视图"对话框。选择"截面"→"2D剖面"，再单击"添加"按钮 **+**，弹出图 4-156 所示的"剖截面创建"菜单，选择"平面"→"单一"→"完成"。在"输入剖面名称"文本框中输入"A"，按〈Enter〉键，弹出"设置平面"菜单，如图 4-157 所示。

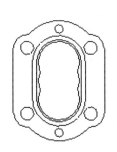

图 4-154　插入主视图

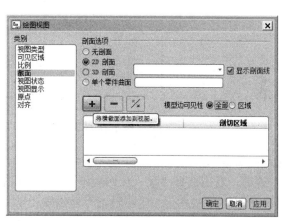

图 4-155　"绘图视图"对话框

图 4-156　"剖截面创建"菜单

图 4-157　"设置平面"菜单

打开基准平面显示，在主视图中选择 RIGHT 平面。截面设置结果如图 4-158 所示。在"绘图视图"对话框中选择"视图显示"，"显示样式"设为"消隐"。如图 4-159，移动下方的滑块到最右侧，单击"箭头显示"下的方框，然后选择主视图。单击"确定"，并关闭基准平面的显示。切换到"注释"选项卡，移动"截面 *A-A*"到右视图上方中间，结果如图 4-160 所示。

图 4-158　截面设置结果

图 4-159　设置显示箭头

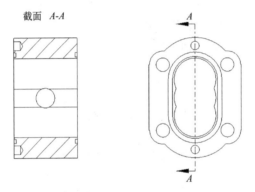

图 4-160　插入全剖右视图

5. 插入左视图

选中主视图，右击选择"插入投影视图"，在主视图右侧合适位置单击。双击后在"绘图视图"对话框中的"视图显示"中设置"显示样式"为"消隐"，结果如图 4-161 所示。

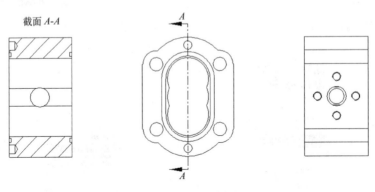

图 4-161　插入左视图

6. 插入全剖的右视图的俯视图

选中右视图，单击鼠标右键，选中"插入投影视图"，在右视图下方合适位置单击。双击该图，在弹出的"绘图视图"中，选择"截面"，并选择"2D"剖面，如图 4-162 所示，单击"创建新"。在图 4-163 所示的"剖截面创建"菜单中，选择"平面"→"单一"→"完成"。输入名称为"B"，按〈Enter〉键。打开基准平面显示，在右视图上选择"TOP"基准平面。如图 4-164 所示，移动下侧的滑块，在"箭头显示"下的框中单击，并选择右视图。在"视图显示"卡中，设置"显示模式"为"消隐"，按"确定"按钮退出。切换到"注释"选项卡，移动"截面 *B-B*"到视图上方，结果如图 4-165 所示。

图 4-162 创建 2D 剖面

图 4-163 剖截面创建模式

图 4-164 2D 剖面参数设置

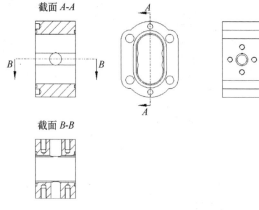

图 4-165 插入全剖的 *B-B* 剖视图

7. 显示轴线、中心线

单击"注释"选项卡"插入"面板中的"显示模型注释"按钮。弹出图 4-166 所示的对话框。选择最右侧的"基准"选项卡，"类型"选择为"轴"，选择需要显示轴线、中心线的视图及其上的圆等特征，并在对话框中勾选需要显示的轴线。选择具体的轴线，调整端点位置，结果如图 4-167 所示。

8. 标注尺寸

切换到"注释"选项卡，单击"插入"面板中的"尺寸"按钮和"显示模型注释"按钮，参照图 4-168，标注系列尺寸。并调整尺寸位置，箭头方向。对于部分尺寸需要增加前缀和后缀符号，参照图 4-169，在"显示"选项卡中进行添加。特殊符号如深度等，则单击

"文本符号"按钮，打开图 4-170 所示的对话框，进行选择。

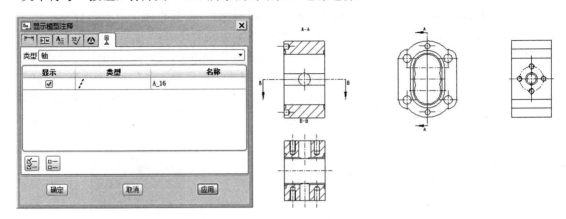

图 4-166　显示轴线　　　　　　　　　　　　　　图 4-167　显示轴线效果

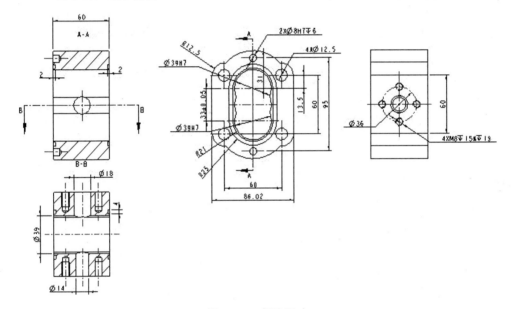

图 4-168　标注尺寸

图 4-169　修改标注文本

图 4-170　文本符号对话框

9．插入右视端面向视图

1）单击插入"一般视图"按钮，在主视图下方合适位置单击并双击之。在图 4-171 所示的"绘图视图"对话框中，选择"视图显示"选项卡，选择"消隐"。单击"确定"按钮退出，结果如图 4-172 所示。

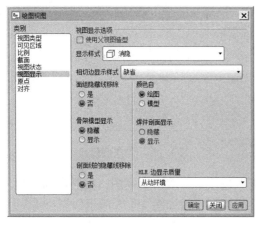

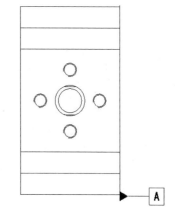

图 4-171　设置视图显示样式　　　　　　　　　图 4-172　插入结果

2）删除 A 基准符号。切换到"注释"选项卡，选中图 4-172 上的基准符号 A，单击鼠标右键，选择"拭除"。

3）显示中心轴线。单击"显示模型注释"按钮，在弹出的对话框中，选择"基准"选项卡并选择该视图，参照图 4-173，显示部分中心轴线。

4）标注尺寸。在"显示模型注释"对话框中，选择"尺寸"选项卡，然后选择该视图，按照图 4-174，选择显示 ϕ36、M8 和 60 三个尺寸，单击"确定"退出。重新修改 M8 的标注内容。

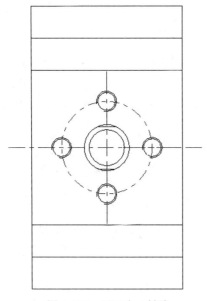
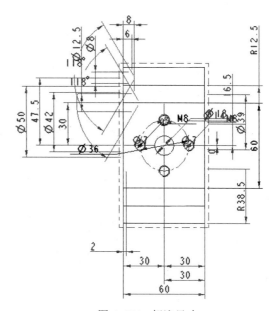

图 4-173　显示中心轴线　　　　　　　　　　图 4-174　标注尺寸

5）草绘螺纹大径 3/4 圈圆弧。如图 4-175 所示，单击"草绘"选项卡"插入"面板中的"使用边"按钮□，然后勾选该向视图中的螺纹大径圆弧（只需要各勾选一段弧），如图 4-176 所示，然后通过拖拽端点的方法，将勾选的圆弧延伸到大概 3/4 的大小。

图 4-175　使用边

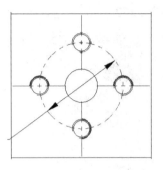

图 4-176　勾选四段弧

6）改视图为端面向视图。切换到"布局"选项卡，双击该视图，参照图 4-177，设置"截面"为"单个零件曲面"，并选择该视图的端面，结果如图 4-178 所示。

图 4-177　设置为单个零件曲面视图

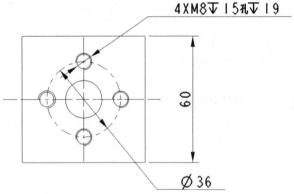

图 4-178　显示端面视图

7）插入向视图标注。单击"注释"选项卡"插入"面板中的"注释"按钮，弹出图 4-179 所示的菜单管理器。参照此图设置，然后选择"进行注释"。弹出图 4-180 所示的"依附类型"菜单，选择"自由点"→"箭头"选项，单击"完成"按钮。再在图 4-179 的菜单中单击"进行注释"。在主视图右侧合适位置单击左键，并单击中键。在"输入注释"文本框中输入"C"，按〈Enter〉键两次。

用同样的方法，采用"无引线"→"自由点"的方式，在端面向视图的上方插入"C"，结果如图 4-181 所示。

10. 标注尺寸公差

对尺寸 33，需要增加尺寸公差。选中尺寸 33，右击选择"属性"，弹出图 4-182 所示的对话框。在"属性"选项卡中，修改"公差模式"为"+-对称"，并设置"公差"为"0.05"，单击"确定"按钮。

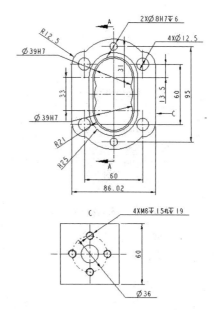

图 4-179　注释类型设置　　　图 4-180　依附模式设置　　　图 4-181　插入标注

图 4-182　设置公差值

11. 插入形位公差

（1）插入基准平面并定义基准符号 A

如图 4-183 所示，单击"注释"选项卡"插入"面板中的"模型基准平面"按钮，弹出图 4-184 所示的"基准"对话框。输入名称 A，单击"在曲面上"，然后选择右视图最左侧的垂直直线（模型的前端面），在对话框中选择最后一种类型 ，单击"确定"按钮，并调整该基准符号的位置，如图 4-185 所示。

（2）插入公差

单击"几何公差"按钮，选择平行度。在图 4-186 位置放置该平行度公差。参照图 4-187，在"基准参照"选项卡中，选择"A"作为参照基准。参照图 4-188，设置公差值为"0.015"。单击"确定"按钮，完成该公差符号的插入，结果如图 4-189 所示。用类似的方法，"放置类型"选择"尺寸"，并选择"φ39"，插入垂直度公差，结果如图 4-190 所示。

图 4-183　插入模型基准平面

图 4-184　定义基准符号

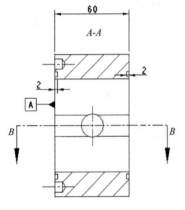

图 4-185　插入基准符号 A

图 4-186　设置平行度模型参照

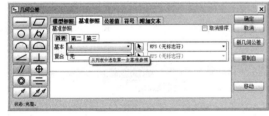

图 4-187　设置基准参照

图 4-188　设置公差值

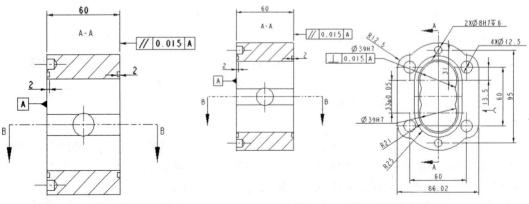

图 4-189　插入平行度公差　　　　　　　　　图 4-190　插入垂直度公差

12．插入表面粗糙度

单击"注释"选项卡"插入"面板"表面光洁度"按钮，选择"ccd"为插入符号，高度设置为 5，按照图 4-191 所示位置和粗糙度数值，插入各带数值的去除材料方法获得表面粗糙度。

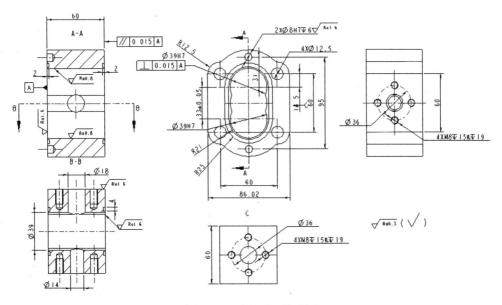

图 4-191　插入表面粗糙度

再次执行插入表面光洁度命令，采用检索方式，找到"unmechined"目录下的"no_value2.sym"，按照图 4-192，插入该符号。

在图形的右下方，插入 Ra6.3 的粗糙度符号，如图 4-192 所示。

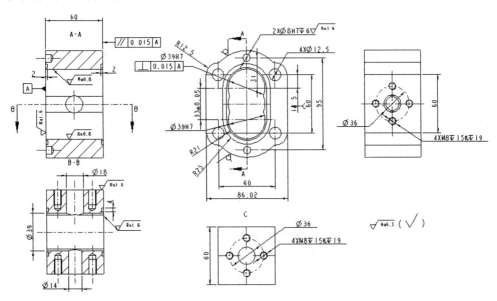

图 4-192　插入其他表面粗糙符号

13．插入技术要求

单击"注释"选项卡"插入"面板中的"注解"按钮，选择"无引线"，单击"进行注解"，在合适位置单击，确定注解文本放置位置。输入"技术要求"，按〈Enter〉键后继续输入"铸件不允许有气眼、裂纹等缺陷"，按〈Enter〉键 2 次后完成技术要求的添加，如图 4-193 所示。

技术要求
铸件不允许有气眼、裂纹等缺陷

图 4-193　添加技术要求注释

14．插入标题栏

采用表格绘制的方法，在图纸的右下角，插入标题栏，并填写标题栏。采用"草绘"选项卡"插入"面板中的"线"功能，绘制图框，结果如图 4-194 所示。

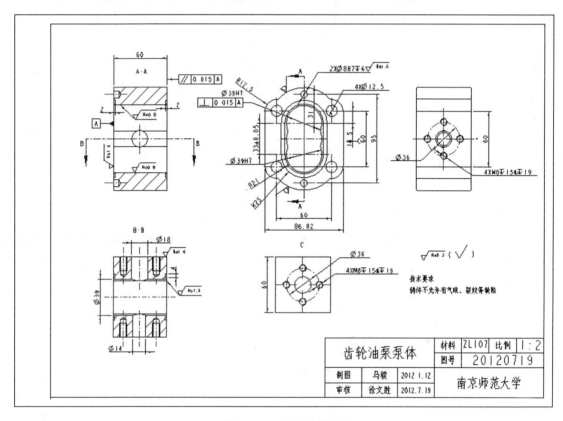

图 4-194　泵体零件图

4.8　工程图配置

工程图绘制是否符合国家标准，主要受到配置环境的影响。一般需要预先按照国家标准，配置好相应的绘图选项，然后才能开始进行工程图绘制。下面介绍工程图选项的设置方法，以及常用的配置选项。

Pro/E 工程图受到其配置环境的影响。和工程图配置有关的文件主要有两个：一个是系统配置文件 config.pro；一个是载入的工程图配置文件.dtl。

4.8.1　系统配置的设置

单击 Pro/E"工具"菜单下的"选项"，可以打开如图 4-195 所示的"选项"对话框。用户可以修改参数或添加系统配置参数。

1）显示：表示下面列出参数是当前"活动绘图"，还是打开的某个绘图配置文件的参数，默认是当前活动绘图的设置。

2）![图标]：打开文件。可以通过资源浏览器打开配置文件以便在当前绘图中使用或进行适当的修改。

3）![图标]：保存。将当前的设置保存成配置文件，供以后调用。

4）排序：可以分别"按类别"和"按字母顺序"进行排序，便于查找。

5）列表区域：列表显示各个绘图选项的名称、当前值、缺省值以及相应的说明。

6）选项：选择上面列表中的某一参数或直接键入某一参数，则可以修改该参数的值。

7）值：显示选择的参数的参数值。下拉菜单显示可供选择的选项，数值型的则可以直接在文本框中输入具体的值。

8）添加/修改：添加某一参数或将某一参数的参数值改为当前设置的值。

9）查找：打开"查找选项"对话框，用于通过匹配字符的方式查找对应的选项，如图 4-196 所示。

图 4-195　config.pro 选项对话框

图 4-196　查找选项对话框

10）确定：确认各选项设置结果，退出"选项"对话框。

11）应用：应用选项设置结果但不退出"选项"对话框。

12）关闭：关闭"选项"对话框。

在各参数前共有 3 种不同的图标。

![图标]：只对新建的模型、工程图等有效。对改变之前的建模无效，只对设置生效后新建的模型有效。

![图标]：选项设置后立即生效。

![图标]：选项设置后要重新运行 Pro/E 后才生效。

config.pro 中和工程图相关的参数主要如下所述。

1）pen1_line_weight：控制轮廓线的线宽。

2）pen2_line_weight：控制中心线、相切线、标注尺寸的线宽。

3）pen3_line_weight：控制虚线的线宽。

4）angular_tol：设置角度尺寸的小数点位数及公差值。如 angular_tol 2 0.1 表示角度尺寸的小数点位数为 2 位，公差值为 0.1。

5）auto_regen_views：控制视图是否自动刷新。

6）create_fraction_dim：将所有尺寸以分数显示。

7）drawing_setup_file：默认的工程制图标准文件。如要使用 d:\proe5\CNS-China.dtl 文件，则设成 drawing_setup_file d:\Proe5\CNS-China.dtl（需明确指定 CNS-China.dtl 所在的目录）。

8）highlight_erased_dwg_views：设置拭除视图时是否显示视图线框和名称。如右击某个视图，选择"拭除"。

yes：显示绿色框线及其名称。

no：不显示绿色框线及其名称。

9）highlight_new_dims：设置在工程图中是否以红色凸显出新尺寸。

10）linear_tol：设置长度尺寸的小数点位数及公差值。如 linear_tol 3 0.001 代表小数点位数有 3 位，默认的公差值为 0.001。

11）make_proj_view_notes：设置在投影图中是否自动显示出视图名称。

12）parenthesize_ref_dim：控制参照尺寸显示方式，如设为 no 时，参照尺寸后附带 REF 文字；设为 yes 时，参照尺寸在括号内。

13）tol_display：设置是否要显示公差。

no：不显示公差。

yes：显示公差。

14）tol_mode：设置默认的公差格式。

limits：极限尺寸。

nominal：象征，基本尺寸。

plusminus：加减。

plusminussym：±对称。

plusminussym_super：±对称上标。

15）tolerance_class：默认公差等级。

16）tolerance_standard：公差标准使用 ANSI 或 ISO，默认为 ANSI。

4.8.2 CNS-cn.dtl 中与工程图有关的参数设置

单击"文件"→"绘图选项"菜单，弹出如图 4-197 所示的"选项"对话框。用于设置绘图选项。该对话框中的各部分含义、用法和图 4-195 所示的"选项"对话框基本相同，只是没有"查找"按钮。

1）2d_region_columns_fit_text：是否要自动调整二维重复区域中每个栏框的宽度，以容纳每个栏框的最长文字，且不会覆盖到相邻栏框或在表格中出现大间隙。

图 4-197　绘图选项对话框

yes：重新调整二维重复区域中每个栏框的宽度，以容纳最长的文字。

no：栏框仍保持原来的宽度。

2）associative_dimensioning：在工程图中绘制二维线条时，线条是否与其尺寸相关连。

yes：所绘制的二维线条将与其尺寸相关连，尺寸的数值改变时，线条的长度亦改变。

no：线条与其尺寸为无关连。

3）axis_interior_clipping：是否允许在中心线的内部做裁剪或拖曳。

4）axis_line_offset：设置中心线延伸超出其特征的距离，按照制图标准，应该在 3～5mm 之间。

5）allow_3d_dimensions：设置是否在立体图中显示尺寸。

6）angdim_text_orientation：控制角度尺寸文字的放置方向，制图标准要求是水平放置horizontal。

7）blank_zero_tolerance：控制正负公差为零时是否要显示。

8）broken_view_offset：设置破断视图之间的距离，默认值为 1。

9）chamfer_45deg_leader_style：控制倒角尺寸的引线类型。

std_asme_ansi：美国机械工程师协会（ASME）/美国国家标准协会（ANSI）。

std_din：德国标准协会（DIN）。

std_iso：国际标准组织（ISO）。

std_jis：日本工业规格（JIS）。

10）chamfer_45deg_dim_text：控制工程图中 45°倒角的标注文字显示型式，此参数只影响到新增加的倒角标注，对现有的 45°倒角没有影响。

11）circle_axis_offset：设置圆的十字中心线延伸超出其特征的距离。制图标准要求 3～5mm。

12）clip_diam_dimensions：控制局部详图中直径尺寸的显示方式。

yes：位于局部详图边界外的直径尺寸会被裁剪掉（即不显示直径尺寸）。

no：会显示出直径尺寸。

13）clip_dimensions：控制局部详图中的尺寸显示方式。

yes：完全位于局部详图边界外的尺寸不显示，横跨局部详图边界的尺寸则用双箭头显示。

no：所有尺寸都会显示出来。

14）clip_dim_arrow_style：控制裁剪尺寸的箭头类型。

clip_dim_arrow_style：默认为 double_arrow，双箭头。

arrowhead：单箭头→。

dot：空心圆点○。

filled_dot：实心圆点●。

slash：斜线／。

integral：∫积分符号。

box：空心方格□。

filled_box：实心方格■。

none：无箭头。

15）crossec_arrow_length：剖切面线上的箭头长度，应该设置为 4-6 mm。

16）crossec_arrow_style：设置剖切面箭头的绘制位置。

tail_online：剖切面箭头的尾端与剖切面线接触。

head_online：剖切面箭头的尖端与剖切面线接触。

17）crossec_arrow_width：设置剖切面箭头的宽度，应该设置为 1mm。

18）crossec_text_place：设置剖切面线文字的位置。

after_head：箭头前。

before_tail：箭头尾后。

above_tail：箭头尾上方。

above_line：箭头线上方。

no_text：没有文字。

19）cutting_line：设置剖切面线的显示标准。

20）datum_point_shape：基准点的显示型式。包括 cross（×），circle（○），triangle（△），square（□）和 dot（●）。

21）datum_point_size：基准点显示的大小。

22）decimal_marker：小数点所使用的符号。

comma_for_metric_dual：默认选项。若使用单一尺寸，则小数点使用句点（例如：15.21）；若使用双重尺寸，则小数点为逗点。

period：使用句点（例如：1.12）。

comma：使用逗点（例如：1,12）。

23）def_view_text_height：设置视图名称、剖切面线文字和局部视图名称的文字高度，默认高度为 3。

24）def_view_text_thickness：设置视图名称、剖切面线文字和局部视图名称的文字宽度。默认宽度为 0，即使用 CNS 的制式规定：拉丁字母及数字的粗细为字高的 1/10，中文的粗细为字高的 1/8。

25）def_xhatch_break_around_text：控制剖面与剖面线是否沿文字破断。

26）def_xhatch_break_margin_size：控制剖面线与文字之间的偏移距离。

27）default_dim_elbows：尺寸的引线是否要允许折弯显示。

28）default_font：默认的文字字型。

29）detail_circle_line_style：设置局部详图的边界圆的线型。默认选项为 solidfont，边界圆为实线，其他选项包括 dotfont、ctrlfont、phantomfont、dashfont 等。

30）detail_view_boundary_type：设置局部详图的边界线形式，包括 circle（圆），ellipse（椭圆），spline（样条曲线）等。

31）detail_view_circle：设置局部详图在父视图中是否以圆显示局部区域的范围。

on：在父视图中以圆显示局部区域的范围。

off：不显示。

32）detail_view_scale_factor：设置局部详图的倍数，默认为 2 倍。

33）dim_dot_box_style：设置控制引线的箭头型式是以 hollow（中空）或 filled（填充）形式显示。

34）dim_fraction_format：控制分数尺寸的显示格式。

35）dim_leader_length：当箭头在延伸线的外侧时，设置尺寸线的长度。

36）dim_text_gap：设置尺寸文字和尺寸线之间的间隙长度。

37）draft_scale：在工程图中绘制二维线条时，线条长度与实际长度的比例，其默认值为 1。

38）draw_ang_units：视图中角度尺寸的显示格式。

ang_deg：显示度。

ang_min：显示度和分。

ang_sec：显示度、分和秒。

39）draw_ang_unit_trail_zeros：角度尺寸尾数为零时的显示方式。

yes：以度/分/秒格式显示角度尺寸时，删除尾数的零（根据 ANSI 标准）。

no：角度尺寸或公差不显示尾数的零。

40）draw_arrow_length：设置箭头长度，制图标准规定为 4~6mm。

41）draw_arrow_style：设置箭头型式，closed（封闭），open（开口），filled（填充）。

42）draw_arrow_width：设置箭头宽度，制图标准规定应该是 0.7 左右。

43）drawing_text_height：设置文字高度，制图标准推荐的字高为 5mm、3.5mm、2.5mm。

44）drawing_unit：设置工程图所使用的单位，包括 mm，inch，foot，cm 及 m，机械制图中用 mm。

45）dual_digits_diff：控制主要尺寸和辅助尺寸之间小数点右边的小数字数差。

46）dual_dimensioning：控制尺寸显示的格式，决定是否使用双重尺寸的显示方式。

no：显示单一尺寸。

primary[secondary]：显示主单位和次单位。

secondary [primary]：显示次单位和主单位。

secondary：显示次单位。

47）dual_secondary_brackets：当 dual_dimensioning 设为 primary[secondary]时，可再利用本参数设定辅助尺寸是否要显示出括号。

yes：在括号内显示出辅助尺寸。

no：直接显示出辅助尺寸，不带括号。

48）dual_secondary_units：指定双重尺寸中辅助尺寸的单位。

49）gtol_datums：设置几何公差的基准轴、基准平面及参照几何的显示方式，下图所示为基准平面的显示方式。

50）gtol_datum_placement_default：设置几何公差基准是摆放在几何公差的 on_bottom（下方）或 on_top（上方）。

51）gtol_dim_placement：当几何公差附在一个含有文字的尺寸时，可使用该决定几何公差的摆放位置。

on_bottom：几何公差会被放在尺寸的最底部。

under_value：几何公差会被放在尺寸的下方，文字的上方。

52）half_view_line：指定半视图的分界线型式，制图标准中规定是采用中心线。

solid：分界线为实线。

symmetry：绘制一条延伸出零件外的中心线，作为分界线。

none：在分界线外一小段距离处绘制对象。

53）hlr_for_datum_curves：指定基准曲线是否要纳入隐藏线的计算范围内。

yes：计算隐藏线的显示时，会将基准曲线纳入计算。

no：计算隐藏线的显示时，忽略基准曲线。

54）hlr_for_threads：控制工程图中螺纹的显示符合的标准，包括 ISO、ANSI、JIS 几种标准。

55）hidden_tangent_edges：控制视图中隐藏相切边的显示。

default：使用相切边的环境显示设置（即"工具""环境"菜单下"相切边"的设置）。

dimmed：隐藏相切边以灰色虚线显示。

erased：移除所有隐藏相切边。

56）iso_ordinate_delta：控制"尺寸界线"超出"尺寸线"的长度值如何确定。默认设为 no，则延伸量大约为 2mm；设为 yes，则延伸量是由参数 witness_line_delta 决定。

57）lead_trail_zeros：尺寸中小数点之前的 0 及小数点之后的 0 是否要显示（lead 代表小数点之前，trail 代表小数点之后）。

std_default：不显示小数点之前的 0，显示小数点之后的 0，例如 0.1200 显示为.1200。

std_metric：显示小数点之前的 0，不显示小数点之后的 0，例如 0.1200 显示为 0.12。

std_english：显示小数点之前的 0，显示小数点之后的 0，例如 0.1200 显示为.1200，例如 0.1200 显示为 0.12。

both：小数点之前的 0 和小数点之后的 0 皆显示，例如 0.1200 即显示为 0.1200。

58）leader_elbow_length：指定引线弯肘的长度。

59）line_style_standard：控制工程图中文字的颜色。除非将此选项设置为 std_ansi，否则工程图中所有的文字显示为蓝色。

60）max_balloon_radius：设置球标半径的最大允许值，默认为 0，代表球标半径取决于球标内文字的大小，非 0 值则为允许的最大球标半径值。

61）min_balloon_radius：设置球标半径的最小允许值，默认为 0，代表球标半径取决于球标内文字的大小，非 0 值则为允许的最小球标半径值。

62）model_display_for_new_views：指定新增视图的显示型式。

63）new_iso_set_datums：设置是否根据 ISO 标准来显示几何公差基准。

64）orddim_text_orientation：控制纵坐标尺寸文字的方向。

parallel：纵坐标尺寸文字将平行于尺寸界线。

horizontal：水平显示尺寸文字。

65）parallel_dim_placement：当 text_orientation 设置为 parallel 时，控制尺寸值在尺寸线上方显示，还是在尺寸线下方显示。

above：尺寸值在尺寸线上方。

below：尺寸值在尺寸线下方。

66）projection_type：指定投影图是使用第一角法或第三角法。我国标准是第一角。

third_angle：第三角投影法。

first_angle：第一角投影法。

67）radial_dimension_display：径向尺寸显示成 ASME、ISO 或 JIS 标准格式，但 text_orientation 设为 horizontal（水平）时除外。

68）radial_pattern_axis_circle：设置径向阵列特征中，垂直于屏幕的旋转轴显示模式。设为 no 时显示各自中心线；设为 yes 时显示一个圆形共享中心圆，即特征分布的圆，且中心线穿过旋转阵列的各个特征的中心。

69）remove_cosms_from_xsecs：创建全剖面时，控制基准曲线和修饰特征（如修饰螺纹、压花等）的显示。

total：从剖面视图中，删除完全位在剖切平面前面的基准曲线或修饰特征，只有当这些特征与该剖切平面相交时，才能完整显示。

all：去除所有类型的剖面视图基准曲线和修饰特征。

none：显示所有基准曲线和修饰性特征。

70）show_quilts_in_total_xsecs：在剖视图中，是否将曲面包含在剖面的剖切过程中。设为 yes，则创建剖面时，曲面会被剖切；设为 no，则创建剖面时，曲面不会被剖切。

71）stacked_gtol_align：几何公差迭在一起时，是否要对齐。

72）tan_edge_display_for_new_views：指定新加入之视图的相切边显示型式。其选项包括：default,tan_solid,no_disp_tan,tan_ctrln,tan_phantom,tan_dimmed,save_environment。

73）text_orientation：控制尺寸文字的方向。

horizontal：文字平行于尺寸线。

parallel：所有尺寸文字为水平显示。

parallel_diam_horiz：除直径尺寸外的所有尺寸平行于尺寸线，以及水平显示直径尺寸。

iso_parallel_diam_horiz：除直径尺寸之外的所有尺寸显示为平行于尺寸线。

74）text_thickness：设置文字笔画的宽度，默认值为 0，即使用 CNS 的制式规定：拉丁字母及数字的粗细为字高的 1/10，中文的粗细为字高的 1/8。

75）text_width_factor：设置文字宽度和高度的比例，默认值为 0.8。

76）thread_standard：控制轴垂直于屏幕的螺纹孔的显示方式。

ISO：螺纹孔显示成圆弧。轴向不显示。

ANSI：螺纹孔显示成圆。轴向不显示。

JIS：在螺纹孔内显示成圆弧，轴向显示。最符合我国标准的参数。

77）tol_display：是否显示公差。

78）tol_text_height_factor：公差以"正负"显示时，设置公差文字高度的比例值。设为 0.75 时，公差文字高度较正常。

79）tol_text_width_factor：公差以"正负"显示时，设置尺寸文字宽度和公差文字宽度之间的比例，设为 0.75 时，公差文字高度较正常。

80）view_note：创建剖视图、局部详图等视图时会在视图下方出现视图注释。该参数用以指定视图注释的文字采用何种格式。包括 std_ansi、std_iso、std_jis 及 std_din。设为 std_ansi、std_iso 或 std_jis，则视图下方的批注为标准形式，如 DETAIL A、SEEDETAIL A、SECTION A-A 等；设为 std_din，则 DETAIL、SEEDETAIL、SECTION 被省略，仅显示出 A 或 A-A。我国标准应为"std_din"格式。

81）view_scale_format：视图比例的显示型式。

decimal：比例的显示型式为 SCALE：2.000。

fractional：比例的显示型式为 SCALE：2/1。

ratiocolon：比例的显示型式为 SCALE：2:1。

82）witness_line_delta：设置尺寸界线超出尺寸线的延伸量，一般为 3mm。

83）witness_line_offset：设置尺寸界线与被标注对象之间的偏移距离。我国制图标准应该是 0。

第二部分 上机实训

实训1 草 绘

1.1 草绘实例

【例】草绘练习

绘制图 s1-1 所示图形。

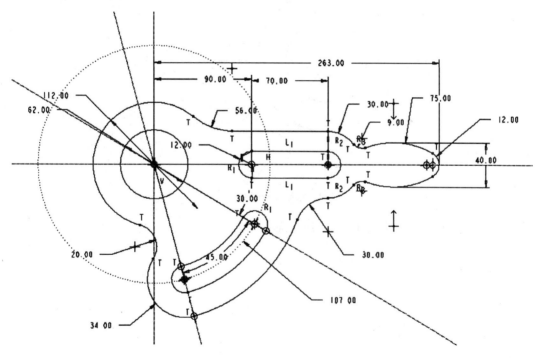

图 s1-1 草绘练习图

1）新建绘图文件 s1-1.drw。单击"新建"按钮，弹出图 s1-2 所示"新建"对话框，选择"草绘"，输入名称"s1-1"单击"确定"按钮进入草绘界面。

2）单击"中心线"按钮，绘制一水平和垂直中心线。并绘制两条斜线中心线。以他们的交点为圆心，绘制一圆，并右击该圆，选择"构建"，如图 s1-3 所示，将该圆切换为构建线。

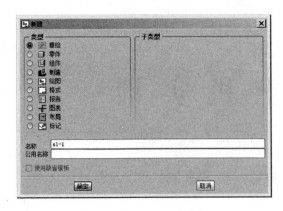

图 s1-2　新建对话框

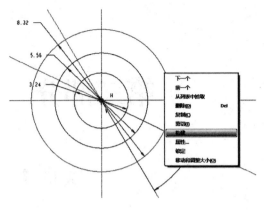

图 s1-3　绘制中心线

3）单击绘制"圆"按钮 ，绘制如图 s1-4 所示的圆，绘制时注意使 4 个圆半径相等。

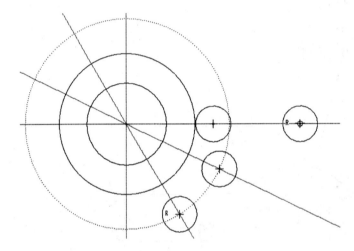

图 s1-4　绘制 4 个半径相等的圆

4）再绘制如图 s1-5 所示的圆弧，注意圆心所在位置。

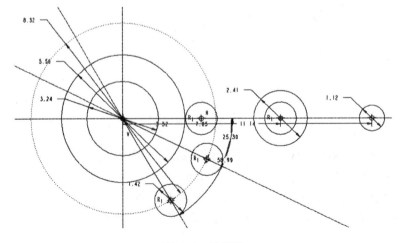

图 s1-5　绘制圆

5）单击绘制"圆弧"按钮<img_1 inline/>，绘制图 s1-6 所示的圆弧，注意和最右侧的圆相切。

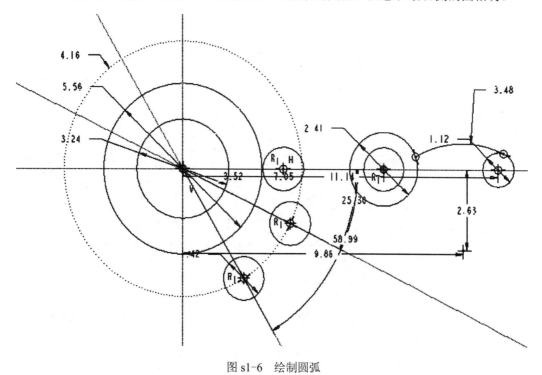

图 s1-6　绘制圆弧

6）选择刚绘制的圆弧，单击"镜像"按钮<img_2 inline/>，以水平的中心线为镜像轴线，镜像该圆弧，如图 s1-7 所示。

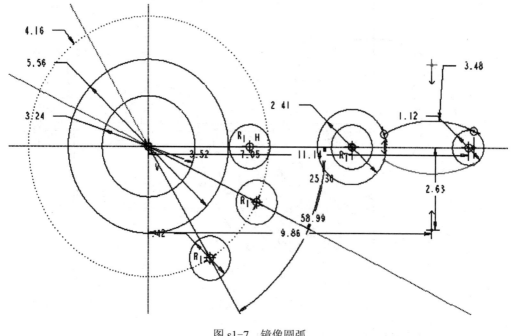

图 s1-7　镜像圆弧

7）单击"圆"按钮 ⊙，绘制图 s1-8 所示的圆，注意不要使其半径和其他圆相等。

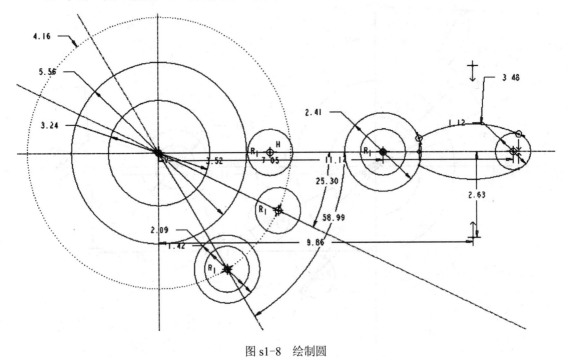

图 s1-8　绘制圆

8）单击"圆弧"按钮 ，以两正交中心线的交点为圆心，绘制三段圆弧，如图 s1-9 所示。

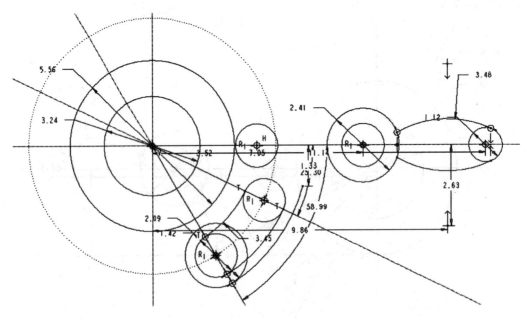

图 s1-9　绘制圆弧

9）单击"直线"按钮 ，绘制如图 s1-10 所示的 3 条直线。

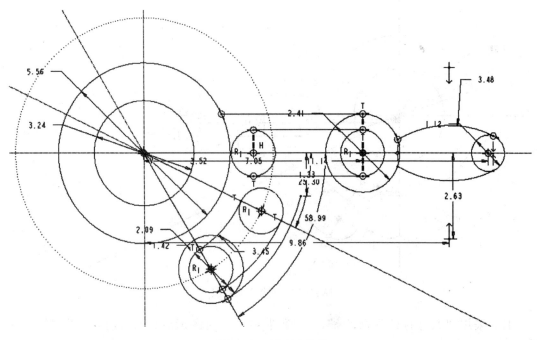

图 s1-10　绘制直线段

10）单击"圆角"按钮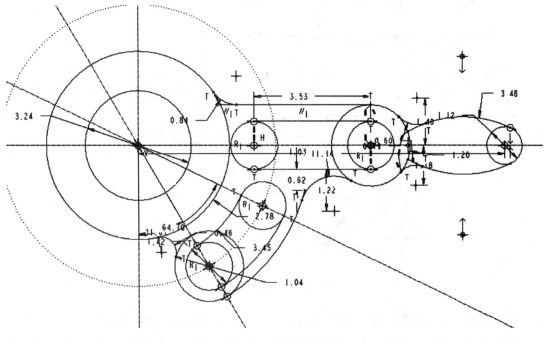，绘制图 s1-11 所示的 5 个圆角。

图 s1-11　绘制圆角

11）采用"删除段"命令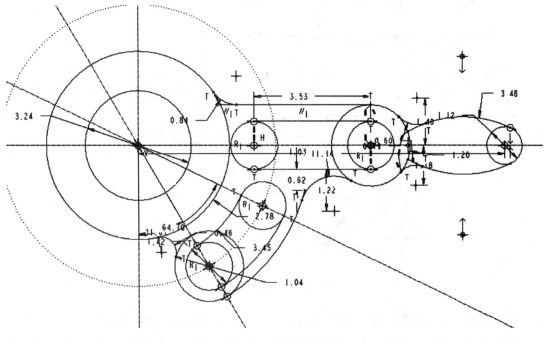，按照图 s1-12 所示的图形将不需要的线段删除。

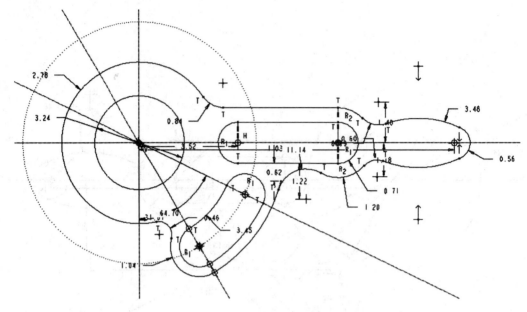

图 s1-12　删除多余线段

12）采用"尺寸标注"命令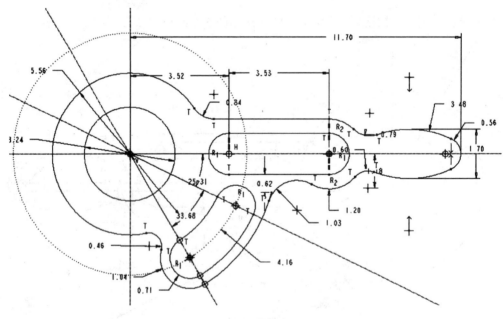，参照图 s1-1，对图形进行尺寸标注，如图 s1-13
所示。

图 s1-13　标注尺寸

13）采用相等约束，使右侧的两倒圆角半径相等，如图 s1-14 中的 R3。

14）用鼠标拉一个方框，将所有的尺寸全部选中。单击"修改尺寸"按钮，弹出图
s1-15 所示的"修改尺寸"对话框。取消"再生"前勾选，并参照图 s1-1 所示的尺寸将对应
的尺寸全部修改。最后单击"完成"按钮，完成尺寸修改，结果如图 s1-1 所示。

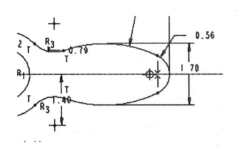

图 s1-14　相等约束

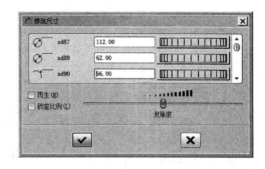

图 s1-15　修改尺寸

1.2　草绘练习

【练习】

草绘图 s1-16～图 s1-24。

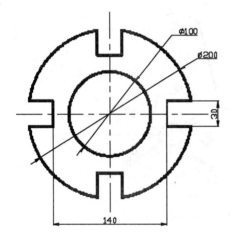

图 s1-16　草图 1

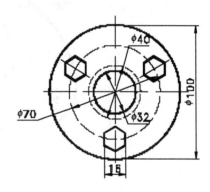

图 s1-17　草图 2

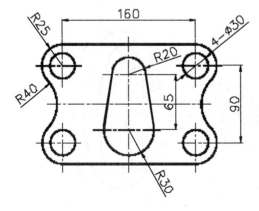

图 s1-18　草图 3

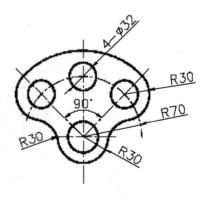

图 s1-19　草图 4

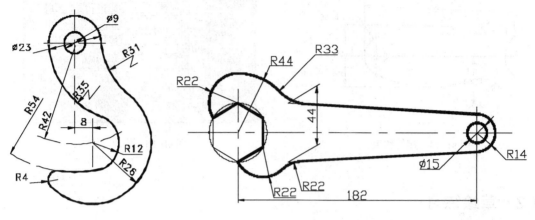

图 s1-20　草图 5

图 s1-21　草图 6

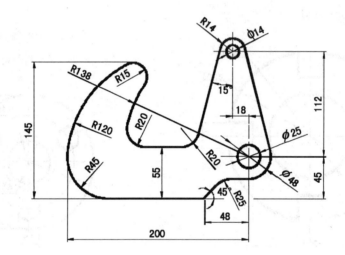

图 s1-22　草图 7

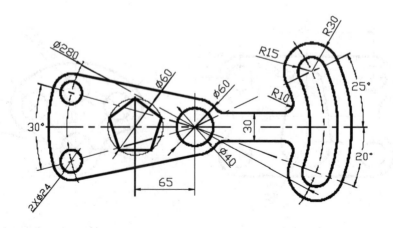

图 s1-23　草图 8

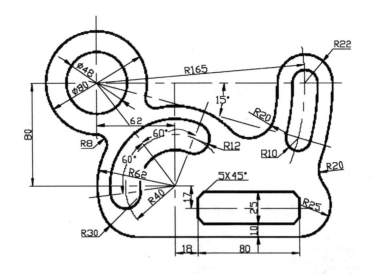

图 s1-24　草图 9

实训 2　建　　模

2.1　建模实例

【例 1】 创建图 s2-1 和图 s2-2 所示模型。

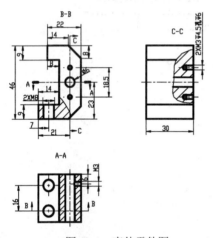

图 s2-1　壳体零件图

图 s2-2　壳体轴测图

1. 新建 keti 零件

单击"新建"按钮，弹出图 s2-3 所示的"新建"对话框。"类型"使用"零件"，"子类型"使用"实体"，输入名称"keti"，取消"使用缺省模板"前的勾选，单击"确定"按钮，弹出图 s2-4 所示的"新文件选项"对话框，选择"mmns_part_solid"，单击"确定"按钮进入建模界面。

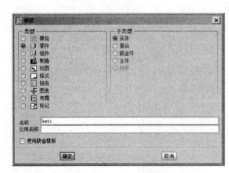

图 s2-3　"新建"对话框

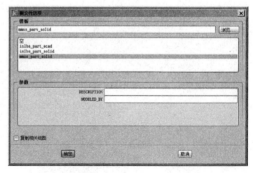

图 s2-4　"新文件选项"对话框

2. 拉伸主体特征

1）单击"拉伸"按钮，在如图 s2-5 所示的面板中，单击红色的"放置"，然后单击下面的"定义"按钮，弹出图 s2-6 所示的"草绘"对话框。

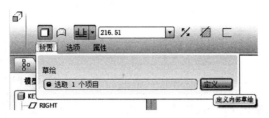

图 s2-5　设置放置草绘

2）按照图 s2-6 所示的结果，选择 FRONT 平面作为草绘平面，参照选择 RIGHT，方向朝右，单击"草绘"按钮，进入草绘界面。

3）按照图 s2-7，单击"直线"按钮，绘制该图形。

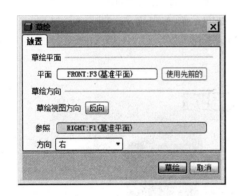

图 s2-6　"草绘"对话框

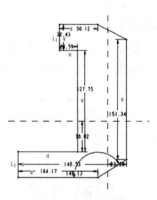

图 s2-7　绘制草图

4）单击"尺寸标注"按钮，按照图 s2-1 的主视图，重新标注所有尺寸（如果有多余的尺寸存在，注意通过约束消除，例如右侧上下两斜线长度相等，斜线左侧端点上下垂直对齐等）。

5）选中所有尺寸后，单击"修改尺寸"按钮，弹出图 s2-8 所示的"修改尺寸"对话框，取消"再生"勾选，按照图 s2-9 所示标注尺寸，将各尺寸修改为正确的数值。

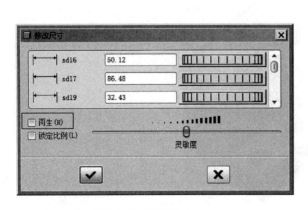

图 s2-8　修改尺寸

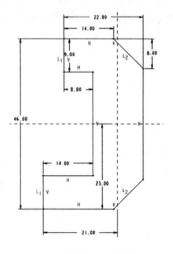

图 s2-9　修改尺寸数值

6）单击"完成"按钮，退出草绘界面。如图 s2-10 所示，选择"对称"模式，并在拉伸长度框中输入 30，单击鼠标中键完成拉伸特征的创建。

图 s2-10　创建拉伸特征

3．加工两个 M8 螺纹孔

1）单击"孔"按钮，选择图 s2-11 所示下方横板上表面为加工面，调整控制柄到中间对称面，输入距离 8，再调整另一个控制柄到左侧面，输入距离 7，如图 s2-11 所示。

2）参照图 s2-11，选择加工螺纹孔，形状为"全螺纹"，大小为 M8X1.25，深度为通孔。单击鼠标中键完成螺纹孔的创建。

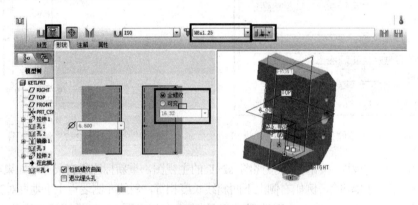

图 s2-11　设置孔的位置和参数

3）镜像另一个螺纹孔。选中刚创建的螺纹孔，按对称按钮，并选择基准面 FRONT 为对称面，单击鼠标中键完成镜像，结果如图 s2-12 所示。

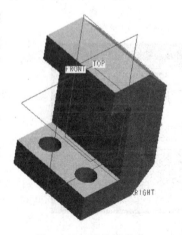

图 s2-12　镜像螺纹孔

4. 加工正面的通孔

1）创建一根轴作为孔的轴线所在位置。按住〈Ctrl〉键，分别选择 TOP 和 RIGHT 基准面，再单击"基准轴"按钮 ⟋，将会在它们的交线上创建 A_3 轴。

2）单击孔按钮 ⊔，选择前端面，并按住〈Ctrl〉键，选择刚创建的轴。在图 s2-13 所示的控制面板中输入直径 ϕ6。深度为通孔。单击鼠标中键完成孔的创建。

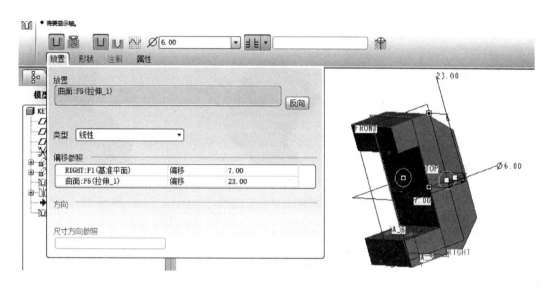

图 s2-13　创建通孔

5. 加工正面上下两个螺纹孔

单击"孔"按钮 ⊔，选择前端面为孔放置曲面，分别拖动两个控制柄，距离 RIGHT 平面为 0，距 TOP 平面距离为 9.25，再按照图 s2-14 所示数值设置螺纹孔的参数。大小为 M3X0.5，孔深为 6。在"形状"面板中，设置可变螺纹长度为 4.5，锥角为 120°。单击鼠标中键完成螺纹孔的创建。

采用镜像命令，以 TOP 为镜像平面，镜像下方的螺纹孔，结果如图 s2-15 所示。

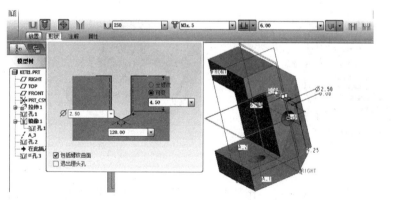

图 s2-14　加工螺纹孔

图 s2-15　镜像螺纹孔

6．加工侧面螺纹孔

单击"孔"按钮![icon]，选择右端面为孔放置曲面，分别拖动两个控制柄，距离 TOP 基准平面为 0，距最后侧平面（F5）距离为 6，如图 s2-16 所示。设置为螺纹孔，大小为 M3X0.5，长度为拉伸到指定的面，然后选择中间的直径 $\phi6$ 的孔的曲面为拉伸指定面，单击鼠标中键完成该螺纹孔的创建，结果如图 s2-17 所示。

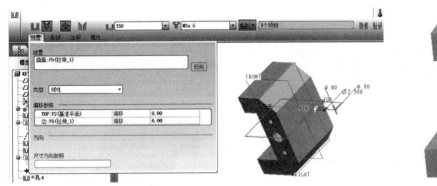

图 s2-16　加工侧面螺纹孔 　　　　　　　　　　　　　图 s2-17　最终模型

7．保存

【例2】　创建图 s2-18 所示模型。

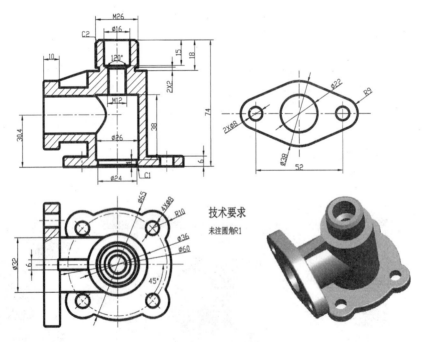

图 s2-18　上体零件图

该零件可以先完成垂直方向的主体部分，由下往上拉伸建模，再在指定高度的左侧位置，由左向右拉伸法兰及圆柱体，中间同轴孔可以通过旋转切除或逐步拉伸切除得到，最后创建小的圆孔，经过阵列或镜像得到对称的几个，螺纹采用修饰的方法绘制，通过肋工具得到肋板，并倒角和圆角。

1. 新建零件

输入名称"shangti"，并取消"使用缺省模板"，单位使用"mmns_part_solid"，进入实体建模界面。

2. 拉伸底板

底板是左右前后均对称的结构，故可以只绘制 1/4，然后镜像得到完整的外形草绘图，拉伸得到底板。

1）单击"拉伸"按钮，在"放置"面板下，单击"草绘"后的"定义"按钮，然后选择 TOP 为草绘平面，RIGHT 为参照平面，方向朝右，首先单击画"中心线"按钮，在基准平面上绘制相互正交的两条中心线，如图 s2-19 所示。

2）单击绘制"圆"按钮，以两基准线的交点为圆心，绘制一圆，并在选中该圆后，单击鼠标右键，选中"构建"或单击"编辑"菜单，选择"切换构造"，绘制一构造圆。再绘制一同心圆，绘制一经过基准线交点的斜线，并以斜线和构造圆的交点为圆心，绘制一小圆和一大圆，结果如图 s2-20 所示。

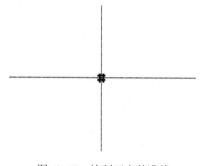

图 s2-19　绘制正交基准线

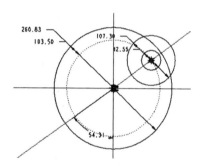

图 s2-20　绘制构造线圆

3）编辑修剪图形。单击"修剪"按钮，参照图 s2-21，修剪图形。

4）标注尺寸。单击"标注尺寸"按钮，参照图 s2-22 重新标注尺寸。

5）编辑修改尺寸。选中所有尺寸，单击"修改尺寸"按钮，取消对话框中的"再生"功能，参照图 s2-23 修改尺寸。

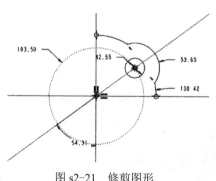

图 s2-21　修剪图形

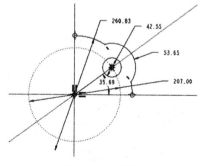

图 s2-22　标注尺寸

6）镜像产生完整的图形。选中全部图线，单击"镜像"按钮，以水平轴线为镜像轴镜像，再选择所有图形，以垂直轴线为镜像轴线，产生完整的图形，结果如图 s2-24 所示。

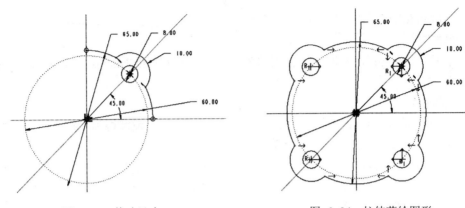

图 s2-23　修改尺寸　　　　　　　　　　图 s2-24　拉伸草绘图形

7）单击"完成"按钮 ☑，完成草绘，进入拉伸建模界面。输入拉伸深度 6，单击鼠标中键确定，结果如图 s2-25 所示。

3．拉伸直径 ϕ36 的圆柱

单击"拉伸"按钮 ☐，选择刚拉伸的底板的上表面作为草绘平面，绘制一直径 ϕ36 的圆，拉伸深度输入"74-6-18"，结果如图 s2-26 所示。

图 s2-25　拉伸底板

图 s2-26　拉伸圆柱

4．拉伸螺纹外圆柱和退刀槽

采用同样的方法。拉伸螺纹外圆柱（尺寸 ϕ26×16）和退刀槽（尺寸 ϕ22×2），结果如图 s2-27 所示。

5．拉伸左侧法兰

1）设置基准平面。选中 RIGHT 平面，单击"基准平面"按钮，如图 s2-28 所示，输入偏移距离-44。注意朝左侧偏移。单击"确定"按钮完成基准平面的创建。

图 s2-27　拉伸实体

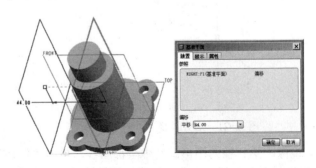

图 s2-28　创建基准平面

2）单击"拉伸"按钮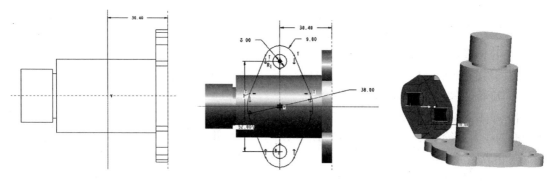，以刚创建的基准平面为草绘平面，单击"草绘视图方向"为"反向"。单击"草绘"进入草绘界面。在中间部位绘制一垂直轴线，修改其距右侧底面距离为 30.4，如图 s2-29 所示。

3）草绘法兰端面图形。参照图 s2-30，绘制法兰端面图形。注意相切和对称约束。

4）拉伸法兰。单击"完成"按钮✓，并输入拉伸深度 10，单击反向箭头，完成法兰拉伸，如图 s2-31 所示。

图 s2-29　绘制垂直轴线　　　图 s2-30　草绘法兰端面　　　图 s2-31　拉伸法兰

6．拉伸法兰到大圆柱之间的圆柱体

1）单击"拉伸"按钮，选择法兰右端面为草绘平面。单击"草绘"菜单中的"参照"，弹出图 s2-32 所示的"参照"对话框，添加法兰盘直径 $\phi38$ 的圆弧为参照对象。绘制一直径为 32 的圆，完成草绘。

2）选择"拉伸"长度为，并选择已经建立好的垂直的直径 $\phi36$ 的圆柱面为拉伸至的平面，如图 s2-33 所示。单击鼠标中键完成圆柱体的创建。

图 s2-32　添加参照

图 s2-33　拉伸圆柱

7．拉伸切除竖直圆柱中间的台阶孔

1）单击"拉伸"按钮，以竖直圆柱的底面为草绘平面，绘制一直径 $\phi24$ 的圆，使用去除材料方式，拉伸深度 4，注意拉伸方向为指向材料内部，完成第一次切除，结果如图 s2-34 所示。

2）再次通过同样的方法，以切除的孔的底面为草绘平面，拉伸切除直径 $\phi26$ 的孔，深度为 38，结果如图 s2-35 所示。

图 s2-34　拉伸切除直径φ24 的圆柱孔　　　　图 s2-35　拉伸切除直径φ26 的圆柱孔

8．拉伸直径φ16，深度 15 圆柱孔

用同样的方法，从上往下拉伸切出直径φ16，深度为 15 的孔。结果如图 s2-36 所示。

9．旋转切除 120°的锥孔

1）单击"旋转"按钮，以 FRONT 平面为草绘平面，添加直径φ16 的孔的轮廓线和下表面的线为草绘参照。绘制如图 s2-37 所示的图形，并在孔的轴线上绘制一条几何中心线。单击"完成"按钮。

2）选择"切除"材料，360.00，单击"完成"按钮，实现 120°锥面切除，结果如图 s2-38 所示。

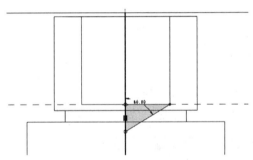

图 s2-36　拉伸切除直径φ16 的孔　　　图 s2-37　草绘旋转截面　　　图 s2-38　切出锥孔

10．加工 M12 内螺纹

M12 的内螺纹，直接通过加工螺纹孔的方式产生。

单击"打孔"按钮，选择直接 26，深度 38 的圆柱孔的底面，按住〈Ctrl〉键，并选择该孔的轴线，按图 s2-39 所示，设置为螺纹孔形式，直径选择 M12X1.75，通孔。单击鼠标中键确定，完成螺纹孔的创建，如图 s2-40 所示。

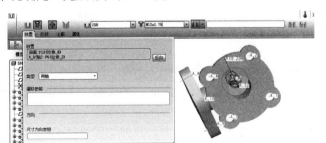

图 s2-39　M12 螺纹孔参数设置　　　　图 s2-40　创建 M12 螺纹孔

11．加工法兰中间直径∅22 的孔

单击"打孔"按钮![], 以法兰左侧端面为加工面, 同时按住〈Ctrl〉键, 选择直径∅32 的圆柱的轴线, 深度选择钻孔到指定的面, 并选择直径∅26 的垂直的孔的表面为参照面。单击鼠标中键完成该孔的创建, 结果如图 s2-41 所示。

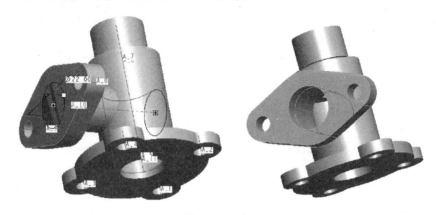

图 s2-41　钻孔

12．添加肋板

1) 单击"轮廓筋"工具按钮![], 选择 FRONT 基准平面为草绘平面, 如图 s2-42 所示, 添加法兰最上侧直线和右侧端面以及大圆柱的上表面和左侧垂直轮廓线为参照, 绘制一条直线。单击"完成"按钮![], 完成草绘。

2) 输入厚度 6, 如图 s2-43 所示, 按〈Enter〉键, 完成肋板的创建。

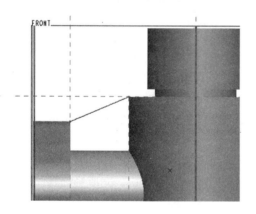

图 s2-42　绘制肋板外轮廓线

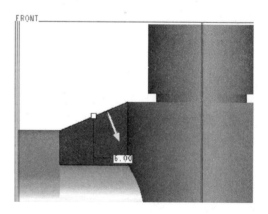

图 s2-43　创建肋板

13．倒圆角

单击"圆角"工具![], 依次选择需要倒圆角的法兰两侧的边, 输入圆角半径 1, 单击鼠标中键完成圆角加工, 如图 s2-44 所示。

14．倒角

单击"倒角"工具![], 选择直径∅24 的圆孔的下侧边线, 模式为 DXD, 输入倒角距离 1, 单击中键完成倒角。再次单击倒角工具, 选择最上面直径∅26 的圆柱的外边线, 模式为 DXD, 输入倒角距离 2, 单击中键完成倒角, 结果如图 s2-45 所示。

图 s2-44　倒圆角

图 s2-45　倒角

15．修饰外螺纹

M26 的螺纹通过修饰的方法得到。

1）单击"插入"→"修饰"→"螺纹"菜单，弹出图 s2-46 所示的"修饰：螺纹"对话框。

图 s2-46　"修饰：螺纹"对话框

2）单击需要修饰的螺纹曲面，即直径ϕ26 的圆柱面。

3）单击退刀槽的上表面作为螺纹的起始曲面。

4）弹出设置方向的菜单，如图 s2-47 所示，单击"确定"按钮。

5）弹出如图 s2-48 所示的菜单，选择"至曲面"，单击"完成"，并选取倒角锥面为螺纹的终止面。

6）弹出"输入直径"文本框，如图 s2-49 所示，直接单击"完成"按钮☑。在随后弹出的菜单中单击"完成/返回"，单击图 s2-46 对话框中的"确定"按钮，完成修饰螺纹的创建，结果如图 s2-50。

图 s2-47　确定方向

图 s2-48　设置螺纹长度确定方式

图 s2-49　确定螺纹直径

图 s2-50　修饰螺纹

【例3】 完成图 s2-51 所示齿轮轴的建模。$m=3$，$z=11$，$\alpha=20°$。

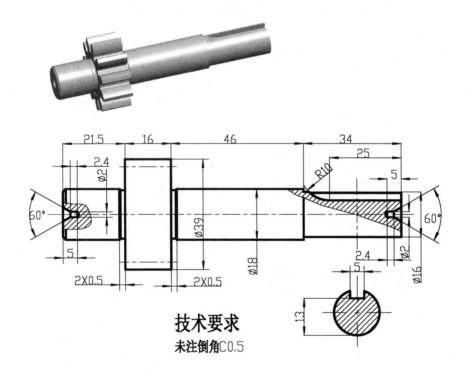

技术要求

未注倒角C0.5

图 s2-51　齿轮轴

通过参数绘制渐开线创建齿轮轴。其中除齿轮轮齿部分，请自行创建，下面主要介绍通过参数关系创建轮齿的过程。

1．完成轴和齿轮胚体的创建

结果如图 s2-52 所示。

图 s2-52　齿轮轴胚体

2．创建齿轮

（1）设置齿轮参数和各参数之间的关系

1）单击"工具"→"参数"菜单，弹出图 s2-53 所示的对话框，单击"添加"按钮，添加如下参数：m=3，z=11，alph=20，并添加 d、dh、da、db 参数。

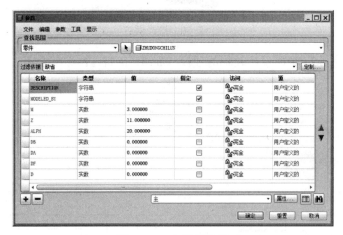

图 s2-53　参数对话框

2）单击"工具"→"关系"菜单，弹出图 s2-54 所示的对话框，在其中输入如下关系：

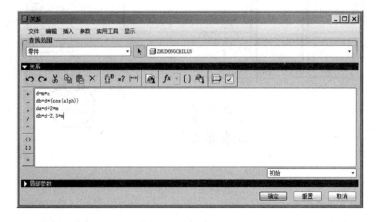

图 s2-54　关系对话框

d=m*z

db=d*(cos(alph))

da=d+2*m

dh=d-2.5*m

单击"确定"按钮，将会得到在"参数"对话框中计算后的直径尺寸，如图 s2-55 所示。

图 s2-55　关系结果

（2）绘制基准圆

1）单击"草绘"按钮，选择轮齿左端面为草绘平面，方向朝右。绘制四个圆，标注直径尺寸。完成后退出草绘，如图 s2-56 所示。

2）选择刚绘制的圆，单击鼠标右键，选择"编辑"，单击"工具"→"关系"，添加如图 s2-57 所示的关系。注意左侧的变量名，根据具体的显示的名称填写，也可以选择对应的尺寸自动添加名称。完成后单击菜单"编辑"→"再生"，完成基准圆的绘制。

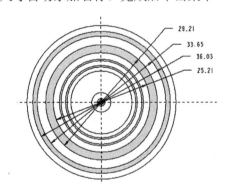

图 s2-56　绘制四个圆

图 s2-57　添加各个圆的直径关系

（3）创建渐开线

单击"曲线"按钮，如图 s2-58，弹出"曲线选项"菜单，选择"从方程"→"完成"，弹出如图 s2-59 所示"曲线：从方程"对话框和"得到坐标系"菜单管理器，选择坐标系，选择"笛卡儿"，弹出如图 s2-60 所示的"记事本"，在其中输入渐开线方程。保存，并退出记事本。单击图 s2-59"曲线：从方程"对话框中的"确定"按钮，产生如图 s2-61 所示的渐开线。

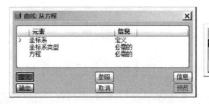

图 s2-58　曲线选项菜单　　　　　　　　　　图 s2-59　"曲线：从方程"对话框

图 s2-60　渐开线方程　　　　　　　　　　图 s2-61　渐开线

（4）在拉伸平面上提取渐开线

单击"草绘"按钮，选择"使用先前的"草绘设置，单击，选择渐开线，单击退出草绘。右击原先的渐开线基准线，选择"隐藏"。

（5）镜像渐开线

创建齿槽对称面。单击"基准点"按钮，按住〈Ctrl〉键选择渐开线和分度圆。如图 s2-62 所示，产生一个基准点。

图 s2-62　创建基准点

单击"基准平面"按钮，按住〈Ctrl〉键选择轴 A_1 和刚创建的基准点 PONT0，创建新的平面并右击选择重命名为"DTMMJ3"。

单击"基准平面"按钮，按住〈Ctrl〉键选择轴 A_1 和刚创建的基准平面 DTMMJ3，如图 s2-63 所示在旋转角度后输入"-360/4/11"。单击"确定"按钮。右击该平面，命名为"DTMXWS"。

选择渐开线，并单击"镜像"按钮，选择 DTMXWS 为镜像平面，完成渐开线的镜像，如图 s2-64 所示。

图 s2-63　创建基准平面

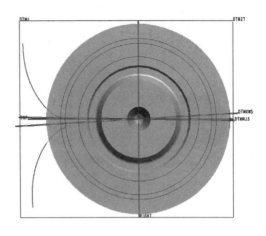

图 s2-64　镜像渐开线

（6）拉伸切出齿槽

单击"拉伸"按钮，选择"使用先前的"作为草绘放置方向。单击"提取边"按钮，选择渐开线和齿顶圆以及齿根圆。利用直线命令，绘制一跟渐开线相切的直线，并镜像到另一侧。利用删除段功能，修剪成图 s2-65 所示的截面。单击"完成"按钮，退出草绘器，设置"反向"，切除材料，长度为通槽，如图 s2-66 所示。单击鼠标中键完成齿槽的切除，结果如图 s2-67 所示。

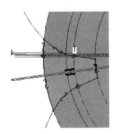

图 s2-65　齿槽截面

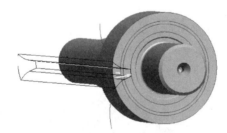

图 s2-66　拉伸齿槽

图 s2-67　切除齿槽

（7）阵列齿槽

选择刚创建的齿槽，单击"阵列"按钮，参照图 s2-68 设置阵列参数：阵列模式选择为轴，并选取轴的轴线，数量输入"11"，角度输入"360/11"，单击"完成"按钮，结果如图 s2-69 所示。

图 s2-68　阵列参数

（8）隐藏草绘线条

如图 s2-70 所示在模型树上方右侧，单击"显示"列表，选择"层树"，切换到层树列表。在层上单击鼠标右键，选择"新建层"。弹出"层属性"对话框，如图 s2-71 所示，输入名称"CAOHUI"，在智能过滤器中设为"曲线"，选择绘制的基准圆和渐开线曲线。如图 s2-71 所示，将草绘曲线添加到该新建的图层。单击"确定"按钮。右击该图层，选择"隐藏"，结果如图 s2-72 所示。保存模型。

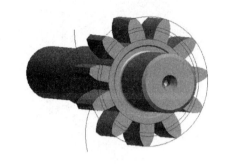

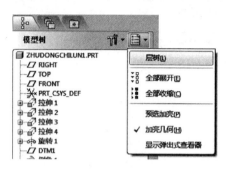

图 s2-69　阵列结果　　　　　　　　图 s2-70　打开层树

图 s2-71　层属性　　　　　　　　　　图 s2-72　齿轮轴

【例 4】 完成图 s2-73 所示的弹簧模型。总圈数 10，有效圈数 8，并紧端 2 圈，节距 12。弹簧带有挠性，装配时可以随安装空间长度尺寸范围而调整自身的节距。

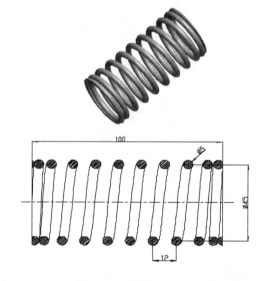

图 s2-73　弹簧零件图

1. 螺旋扫描弹簧

（1）新建零件"yasutanghuang"，使用"mmns_part_solid"单位。

（2）单击"插入"→"螺旋扫描"→"伸出项"，弹出图 s2-74 所示的"伸出项：螺旋扫描"对话框以及相应的"属性"菜单管理器。设置其属性为："可变的"、"穿过轴"、"右手定则"，单击"完成"按钮。弹出图 s2-75 所示的"设置草绘平面"菜单。选择 FRONT 平面为草绘平面，接受默认的方向，单击"确定"按钮，在"草绘视图"菜单中选择"缺省"，进入草绘界面。

图 s2-74　螺旋扫描设置　　　　　　　　图 s2-75　设置草绘平面和方向

（3）定义扫描轨迹

1）绘制一垂直方向的轴线。

2）采用直线命令，从水平的参照线往上绘制一垂直的直线，长度 100。单击"分割线条"按钮，将该直线打断为 5 段，对上、下两侧各两段直线设置相等约束并标注尺寸，按图 s2-76 修改好尺寸。单击"完成"按钮。

3）如图 s2-77 所示，在弹出的"在轨迹起始输入节距值"对话框中，输入 5，单击"完成"按钮。

4）如图 s2-77 所示，在弹出的"在轨迹末端输入节距值"对话框中，输入 5，单击"完成"按钮。

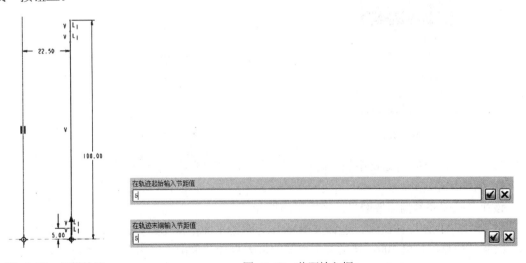

图 s2-76　扫描轨迹　　　　　　　　图 s2-77　节距输入框

5）弹出图 s2-78 所示菜单管理器，同时弹出图 s2-79 所示的节距图。选择"添加点"，然后单击扫描轨迹上第二个断点，输入节距 5。依次添加其他断点，节距值分别为 10，10，5，结果如图 s2-79 所示。单击图 s2-78 中的"完成/返回"菜单，回到图 s2-80 所示的"图形"菜单，单击"完成"按钮，进入截面定义。

图 s2-78　控制曲线定义

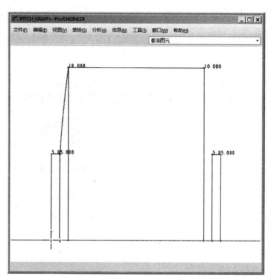

图 s2-79　节距图

6）屏幕自动切换到草绘截面状态，参照图 s2-81 所示，在指定位置绘制一直径$\phi 5$ 的圆。单击"完成"按钮☑。

图 s2-80　图形菜单

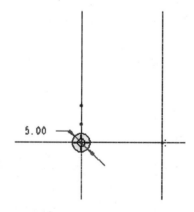

图 s2-81　截面定义

7）单击图 s2-74 对话框中的"确定"按钮，结果如图 s2-82 所示。

2．两端切平

该弹簧两端并紧端需要磨平，采用平面切除。

1）单击"拉伸"按钮，选择 FRONT 为草绘平面，接受默认方向，参照图 s2-83 所示，绘制一矩形，长度 100，宽度大于弹簧的最大直径，单击"完成"按钮☑。

2）如图 s2-84 所示，设置拉伸参数：对称，长度 60，切除材料，反向（最后一个按钮）。单击鼠标中键，结果如图 s2-85 所示。

图 s2-82　扫描弹簧

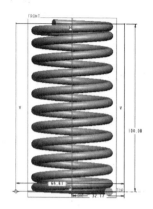

图 s2-83　草绘剪切矩形

图 s2-84　设置拉伸参数

图 s2-85　切平端面

3. 挠性设置

1）单击"文件"→"属性"菜单，弹出图 s2-86 所示的"模型属性"窗口，从图 s2-86 可以看出目前挠性属于"未定义"，单击后面的"修改"按钮。弹出图 s2-87 所示"挠性：准备可变项目"对话框。

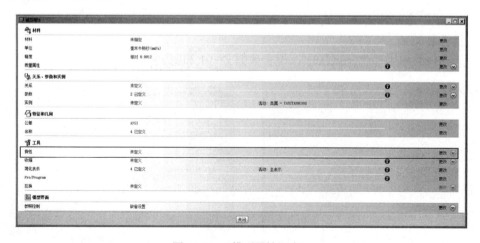

图 s2-86　"模型属性"窗口

2）单击模型，并在图 s2-88 所示的菜单中选择"全部"，在模型上将显示全部和特征有关的尺寸。

图 s2-87 挠性设置

图 s2-88 显示需要设置挠性的尺寸

3）单击图 s2-87 所示的尺寸 100，单击"选取"对话框中的"确定"按钮。用同样的方法，单击图 s2-88 中的"添加"按钮，将两个 PITCH10 添加进去，结果如图 s2-89 所示。单击"确定"按钮，完成挠性设置。注意，尺寸名仅供参考。

4）添加关系。保证端面切除尺寸跟弹簧的长度一致。单击"工具"→"关系"菜单，弹出图 s2-90 所示的"关系"对话框。在其中添加"d17=d4"。（注意变量名要根据实际模型中尺寸名称来写。d17 为拉伸切除时的截面参数尺寸，d4 为弹簧总长，d9、d10 为节距）。单击"确定"按钮，完成关系设置。

图 s2-89 添加挠性项目

图 s2-90 添加关系

4. 挠性装配

1）新建一装配组件"ysthceshi"，设置如图 s2-91 和图 s2-92 所示。

图 s2-91 新建组件

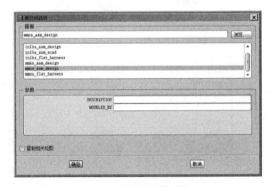

图 s2-92 设置组件单位

2）单击"加载零件"按钮，调入"yasthceshi"零件，使用"缺省"定位，单击鼠标中键完成第一个零件的载入。

3）再次单击"加载零件"按钮，调入"yasutanghuang"，弹出图 s2-93 所示的"确认"对话框。单击"是"。弹出图 s2-94 所示的"可变项目"对话框。将尺寸 d4 后面的方法修改为"距离"。弹出图 s2-95 所示"距离"对话框。参照图 s2-96，分别选择"yasthceshi"零件的两个表面为"起始"和"至"曲面，Pro/E 自动测量出两平面之间的距离，单击"完成"按钮。测量值自动填入到图 s2-94 所示对话框中，如图 s2-97 所示，单击"确定"完成挠性变化设置。弹簧的尺寸将变为 70，如图 s2-98 所示。

图 s2-93　确认对话框

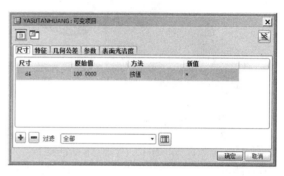

图 s2-94　可变项目设置

图 s2-95　测量距离

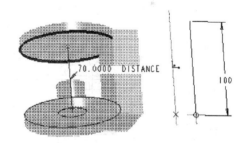

图 s2-96　确定测量的两个表面

图 s2-97　测量距离自动填入

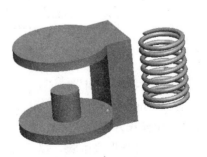

图 s2-98　弹簧挠性变化结果

4）设置约束。

参照图 s2-99，分别设置弹簧下表面和基础的底板上表面匹配，弹簧中轴线和基础的圆柱体轴线对齐，单击鼠标中键完成弹簧的约束，结果如图 s2-100 所示。

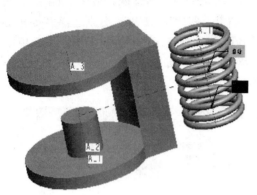 

图 s2-99　设置约束　　　　　　　　　　图 s2-100　装配结果

【例5】 完成图 s2-101 所示基体零件建模。

该零件可以通过一个长方体，经过切槽，打孔等工序完成。

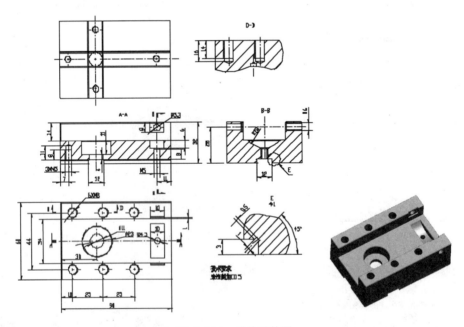

图 s2-101　基体零件图

1．新建零件"jiti"

使用"mmns_part_solid"单位，新建零件"jiti"。

2．拉伸长方体

单击"拉伸"按钮 🗗，以 TOP 平面为草绘平面，绘制一左右对称，上下对称的矩形，尺寸参照图 s2-102，拉伸高度 32，结果如图 s2-103。

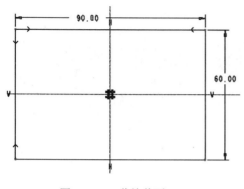

图 s2-102　草绘截面

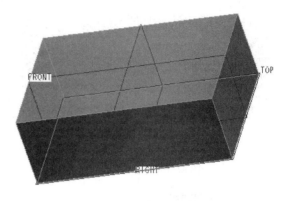

图 s2-103　拉伸结果

3．开槽

单击"拉伸"按钮 ，以长方体左侧面为草绘平面，添加上表面为参照，绘制如图 s2-104 所示的左右对称截面。采用切除拉伸、反向、通槽，结果如图 s2-105 所示。

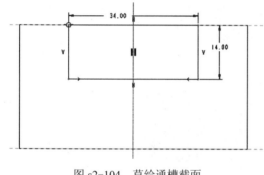

图 s2-104　草绘通槽截面

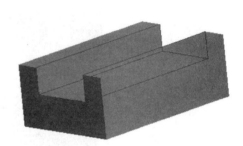

图 s2-105　开槽结果

4．切除 U 型槽

1）以左侧面为草绘平面，添加长方体下表面为参照，绘制左右对称如图 s2-106 所示截面。拉伸切除，反向，通槽，结果如图 s2-107 所示。

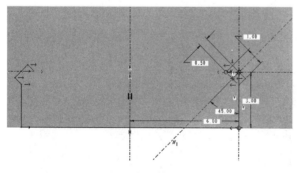

图 s2-106　草绘 U 型截面图形

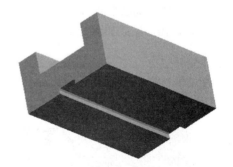

图 s2-107　切除 U 型槽结果

2）用同样的方法，以前侧面为草绘平面，参照图 s2-108 绘制草绘截面，切出另一个方向的槽，结果如图 s2-109。

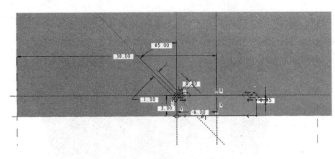

图 s2-108　U 型截面草绘图 　　　　　　　图 s2-109　开 U 型槽结果

5．切除圆弧槽

（1）建立一个基准平面

单击"基准平面"按钮 ▱，选择右侧端面为参照，输入距离 11。产生如图 s2-110 所示的基准面 DTM1。

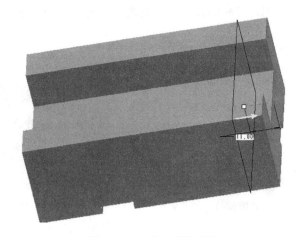

图 s2-110　新建基准平面

（2）拉伸切除圆弧槽

以新建的基准平面 DTM1 为草绘平面，参照图 s2-111 所示，绘制截面。拉伸切除，对称，深度 10，结果如图 s2-112 所示。

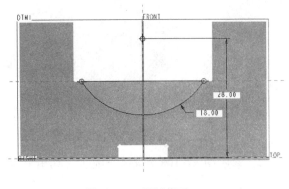

图 s2-111　圆弧截面 　　　　　　　　图 s2-112　切除结果

6. 切除小方槽

（1）拉伸切除单侧小方槽

以宽度 34 槽的内侧面为草绘平面，添加 DTM1 和长方体上表面为参照，按照图 s2-113 绘制拉伸截面。拉伸切除，深度 1。结果如图 s2-114 所示。

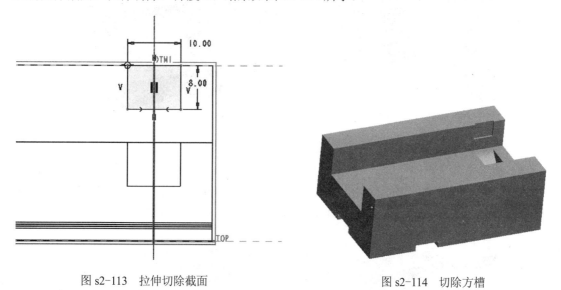

图 s2-113　拉伸切除截面

图 s2-114　切除方槽

（2）镜像方槽到另一侧

选择刚切出的特征，单击"镜像"按钮，选择 FRONT 平面为镜像平面，单击鼠标中键完成镜像，结果如图 s2-115 所示。

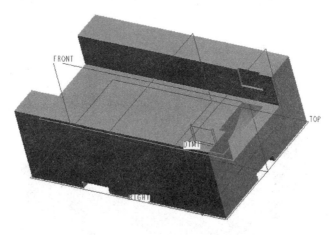

图 s2-115　镜像切出另一侧方槽

7. 加工台阶孔

单击"打孔"按钮▣，参照图 s2-116 进行设置。一个控制柄指向宽度 34 的槽的内侧面，距离 17；另一个控制柄指向左侧端面或边线，距离 30。在孔控制面板上设置为台阶孔形式，直径ϕ11。打开"形状"下拉面板，输入上部直径ϕ23，高度 11，通孔。单击鼠标中键完成该孔的创建，结果如图 s2-117 所示。

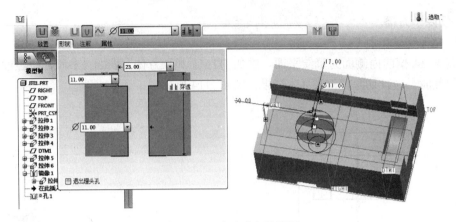

图 s2-116　台阶孔参数设置

8. 加工光孔

采用打孔方式，参照图 s2-118，在加工的 1mm 厚的方槽中间，加工一个直径 $\phi5.3$ 的光孔。轴线距离上表面 4，距右侧表面 11，通孔。结果如图 s2-119 所示。

图 s2-117　加工台阶孔结果

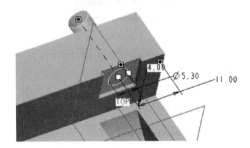

图 s2-118　加工光孔

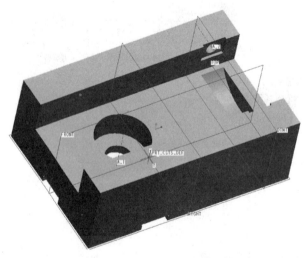

图 s2-119　侧面加工孔结果

9. 加工螺纹孔

1）以 FRONT 平面和 DTM1 为参照创建一基准轴。

192

2）用打孔的方法，按〈Ctrl〉键同时选中底面和新建的轴线 A_3。按照图 s2-120 所示设置参数：螺纹孔，M5X0.8，通孔。打开"形状"面板，修改螺纹深度为 8。在底面圆弧槽的正下方加工 M5 的螺纹孔，如图 s2-121 所示。

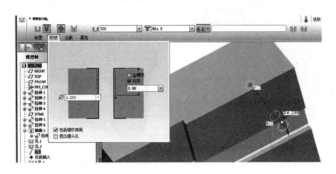

图 s2-120　设置螺纹孔参数　　　　　　　　图 s2-121　加工 M5 螺纹孔

3）用同样的方法，按〈Ctrl〉键同时选中前侧面和直径ϕ5.3 的孔的轴线，参照图 s2-122设置：螺纹孔，直径 M6X1，拉伸到下一个表面。在"形状"面板中设置拉伸深度 12。单击鼠标中键完成该螺纹孔的创建，结果如图 s2-123 所示。

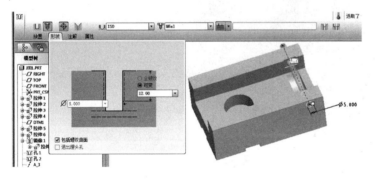

图 s2-122　设置螺纹孔参数　　　　　　　　图 s2-123　加工 M6 螺纹孔

4）加工 3 个 M5 螺纹孔。

① 采用打孔方式，加工一个 M5 螺纹孔，使其轴线位于 FRONT 平面，距离左侧表面7，螺纹参数设置参照图 s2-124 所示。M5X0.8，光孔深度 11，螺纹孔深度 8，锥角 120°，结果如图 s2-125 所示。

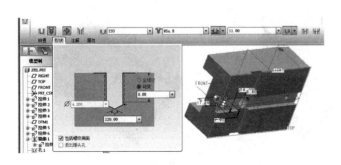

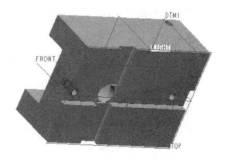

图 s2-124　设置螺纹孔参数　　　　　　　　图 s2-125　螺纹孔效果

② 采用同样的方法，在距 FRONT 平面 22，距左侧面 30 的位置加工一个 M5X0.8，深度 8，光孔深 11，锥角 120°的螺纹孔。参数设置参照图 s2-126 所示。结果如图 s2-127 所示。

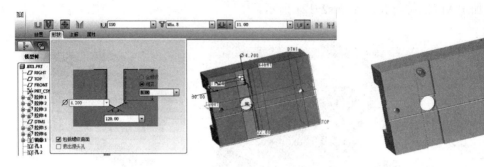

图 s2-126 设置螺纹孔参数　　　　　图 s2-127 M5 螺纹孔效果

③ 镜像复制另一个螺纹孔。选中刚创建的螺纹孔，单击"镜像"按钮 ，选中 FRONT 平面为镜像平面，镜像另一个对称放置的螺纹孔，结果如图 s2-128 所示。

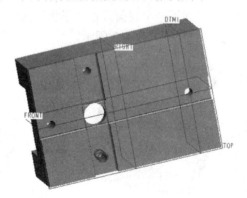

图 s2-128 镜像螺纹孔

10．加工 6 个 M8 螺纹孔

（1）打孔加工一个 M8 螺纹孔

单击"打孔"按钮 ，选择基体上表面为加工面，设置螺纹孔轴线距离 FRONT 平面 22，距左侧面 10，螺纹孔参数参照图 s2-129 设置。螺纹孔，M8X1.25，孔深 16，螺纹部分深 14，锥角 120°。结果如图 s2-130 所示。

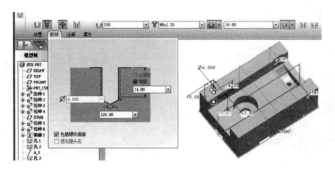

图 s2-129 M8 螺纹孔参数　　　　　图 s2-130 加工 M8 结果

（2）阵列螺纹孔

选择刚加工的 M8 螺纹孔，单击"阵列"按钮，按照图 s2-131 设置阵列参数。阵列模式为尺寸，第一方向上选择左侧端面为参照面，反向，输入阵列该方向数量 3，距离 25。第二方向上选择最前面的侧面为参照平面，该方向数量 2，距离 44。单击鼠标中键完成阵列，结果如图 s2-132 所示。

图 s2-131 阵列参数

11. 倒角

单击"倒角"按钮，设置倒角形式 DXD，大小 0.5，选择需要倒角的边进行倒角，结果如图 s2-133 所示。

图 s2-132 阵列螺旋孔结果

图 s2-133 倒角效果

【例6】旋转开关阀体建模，如图 s2-134 所示。

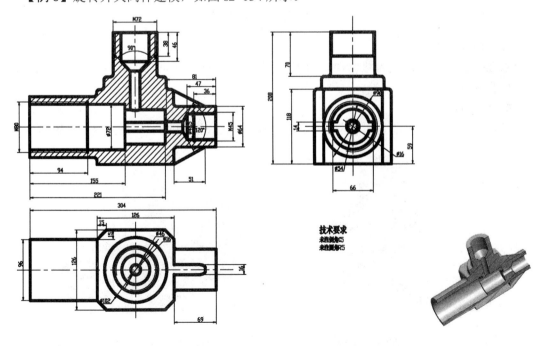

图 s2-134 开关阀体零件图

该阀体先建立中间的长方体，然后向上方拉伸两圆柱，向左侧拉伸圆柱体，向右侧拉伸圆柱体，再添加肋板，并加工内腔的孔和槽，最后倒角、倒圆角。

1．新建文件

新建文件"kaiguanfati"，不使用"缺省设置"，单位选择"mmns_part_solid"格式。

2．拉伸长方体主体

以 TOP 平面为草绘平面，绘制一 126×126 的正方形，上下左右对称，对称拉伸深度118，结果如图 s2-135 所示。

3．拉伸上方圆柱体

1）以长方体的上表面为草绘平面，在正中间向上拉伸直径ϕ102，厚度 20 的圆柱体，如图 s2-136 所示。

2）再以拉伸的圆柱的上表面为草绘平面，向上拉伸直径ϕ72，高度 70 的圆柱体，如图 s2-137 所示。

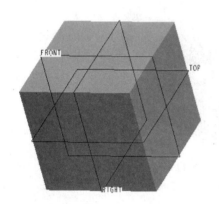 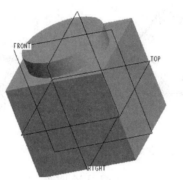 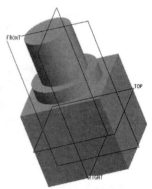

图 s2-135　拉伸四棱柱　　　图 s2-136　拉伸第一个圆柱体　　图 s2-137　拉伸第二个圆柱体

4．拉伸左侧圆柱体

以现有长方体左侧面为草绘面，绘制一圆，直径ϕ96，单向向左拉伸 109，结果如图 s2-138 所示。

5．拉伸右侧圆柱体

以右侧面为草绘平面，向右侧拉伸一个直径ϕ64，长度 69 的圆柱，结果如图 s2-139 所示。

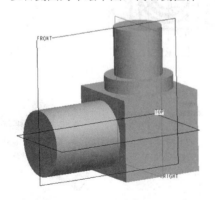 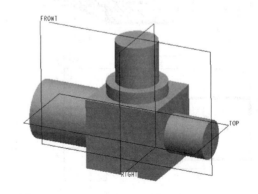

图 s2-138　拉伸左侧圆柱体　　　　　图 s2-139　拉伸右侧圆柱体

6．添加肋板

单击"草绘"按钮 ，选择 FRONT 平面为草绘平面，如图 s2-140 所示，添加中间长方体的两边以及刚创建的圆柱上转向轮廓线为参照，绘制一水平方向相距 51 的斜线。单击图 s2-141 所示的预览图中的箭头，使其指向现有实体内部。单击鼠标中键完成肋的创作。

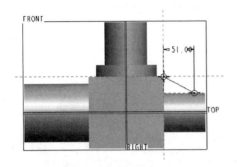

图 s2-140　绘制肋边缘线

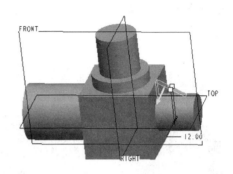

图 s2-141　创建肋

7．加工水平方向孔及槽

1）采用打孔方式，以左侧端面及其轴线为放置参照，加工一个直径φ72，深度为 155 的孔。

2）采用拉伸切除方式，以直径φ72 的孔的底面为草绘平面，绘制图 s2-142 所示的截面，拉伸切除（221-155）长度，结果如图 s2-143 所示。

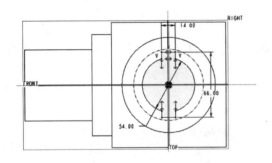

图 s2-142　草绘截面

图 s2-143　拉伸切除后结果

3）采用打孔方式，以右侧面及其轴线为放置参照，设置成螺纹孔，M45×4.5，孔深为 47。在形状面板中，设置螺纹深 36，锥角 120°，如图 s2-144 所示，单击鼠标中键确认。

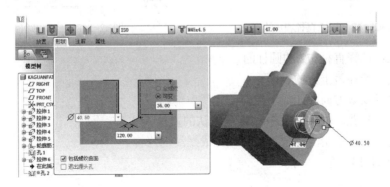

图 s2-144　加工 M45 的螺纹

4）以打孔方式，以左侧直径φ54 的孔的底面及其轴线为放置参照，加工一直径φ16 的光孔，深度到下一曲面为止，结果如图 s2-145 所示。

8．加工垂直方向孔

1）采用打孔方式，选择最上面的表面及其轴线为放置参照，选择标准孔模式，如图 s2-146 所示，设置参数如下：直径φ46，深度 46，锥角 90。单击鼠标中键确认。

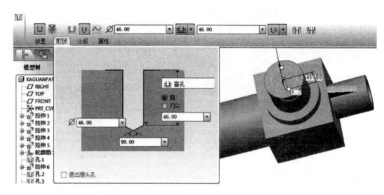

图 s2-145　加工φ16 的通孔　　　　　　图 s2-146　设置直径φ46 的孔参数

2）以上表面及其轴线为孔放置参照，加工一直径φ16 的孔，深度到下一曲面，结果如图 s2-147 所示。

9．修饰最上方外螺纹

单击"插入"→"修饰"→"螺纹"菜单，通过图 s2-148 所示的"修饰：螺纹"对话框向导，完成螺纹的修饰。

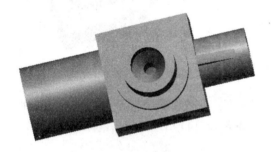

图 s2-147　加工直径φ16 的孔　　　　　　图 s2-148　修饰螺纹对话框

螺纹曲面：选择直径φ72 的圆柱面。

起始曲面：选择最上方的表面。

方向：接受默认方向，即箭头指向下零件内部。

螺纹长度：盲孔，输入深度 38；接受默认的直径 64.8。

其他无需定义，单击"确定"按钮，完成螺纹的修饰。

结果如图 s2-149 所示。

10．倒角

1）选择中间长方体垂直方向的四条边，倒 15×15 的角。

2）选择水平方向直径 $\phi16$ 的小孔的左边线，倒 5×5 的倒角。

结果如图 s2-150 所示。

图 s2-149　修饰螺纹效果

图 s2-150　倒角效果

11．倒圆角

采用圆角工具，在需要倒圆角的地方，倒成 R5 的圆角，结果如图 s2-151 所示。

12．镜像肋及其圆角

选择肋及其圆角，单击"镜像"按钮，以 TOP 为镜像平面，镜像另一个肋，结果如图 s2-152 所示。

图 s2-151　倒圆角效果

图 s2-152　镜像肋

2.2　建模练习

【练习 1】根据零件工程图，创建以下立体的模型。

（1）完成图 s2-153 所示的活动钳口的模型。

（2）完成图 s2-154 所示支架的零件模型。（701）

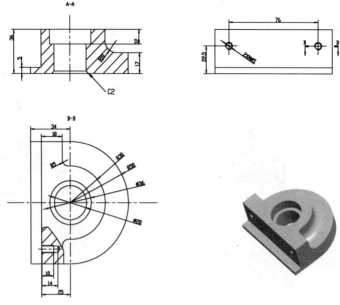

图 s2-153　活动钳口零件图

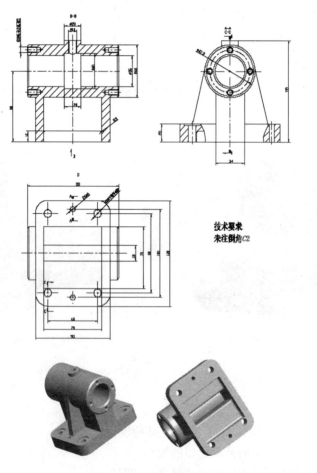

图 s2-154　支架零件图

（3）完成图 s2-155 所示虎钳固定钳身模型。

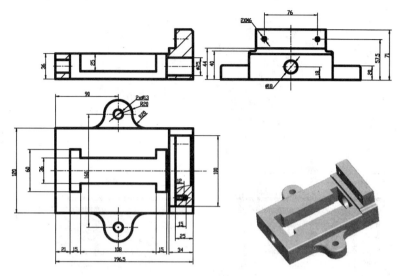

图 s2-155　虎钳钳身零件图

（4）完成图 s2-156 所示手压阀阀体零件模型。

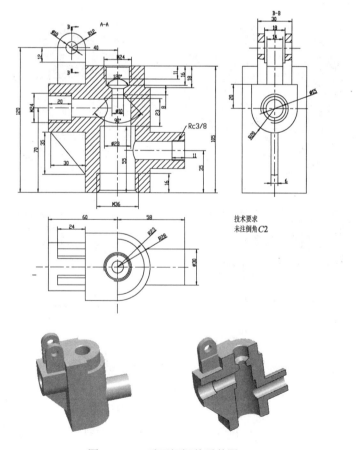

图 s2-156　手压阀阀体零件图

（5）根据零件工程图完成图 s2-157 所示调节减压阀阀体的模型。

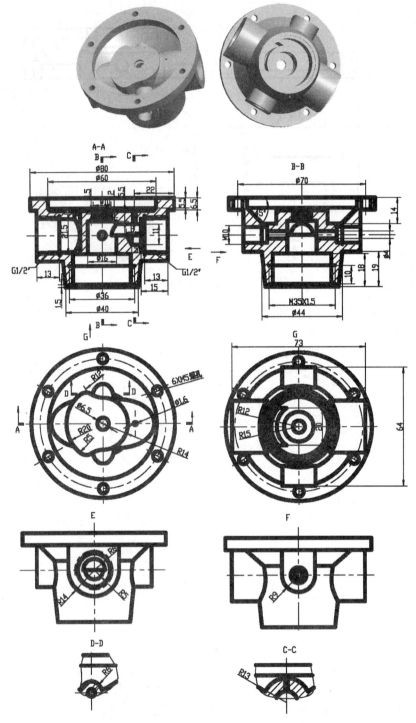

图 s2-157　调节减压阀阀体零件图

【练习 2】　根据附带光盘中的实验（第 3 章）中的模型树及其特征，创建三维模型，如图 s2-158～图 S2-167。

图 s2-158　零件 1（keti）

图 s2-159　零件 2（628）

图 s2-160　零件 3（702）

图 s2-161　零件 4（702s）　　　　　图 s2-162　零件 5（705c）

图 s2-163　零件 6（705a）

图 s2-164　零件 7(720)

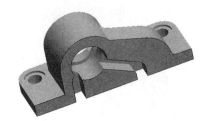

图 s2-165　零件 8（726）

图 s2-166　零件 9（805）

图 s2-167　零件 10(112)

实训 3　装 配 练 习

3.1　装配实例

【例】　完成安全阀的装配并制作操作图。

1．新建组件"anquanfa"

如图 s3-1 进行设置，使用"mmns_asm_design"选项，单击"确定"进入组件模块。

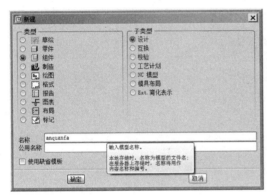

图 s3-1　新建组件

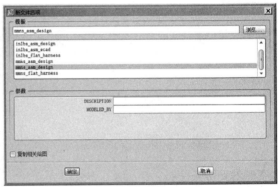

图 s3-2　设置组件选项

2．载入阀体零件

单击"加载零件"按钮，打开"fati"零件，使用"缺省"定位。单击鼠标中键完成阀体的载入，结果如图 s3-3 所示。

3．载入阀门

单击"加载零件"按钮，打开"famen"，如图 s3-4 所示。

图 s3-3　载入阀体

图 s3-4　载入阀芯

参照图 s3-5，设置阀门轴线和阀体中轴线对齐，设置阀门锥面和阀体中间锥面的小圆角相切约束，单击鼠标中键完成阀门的定位。

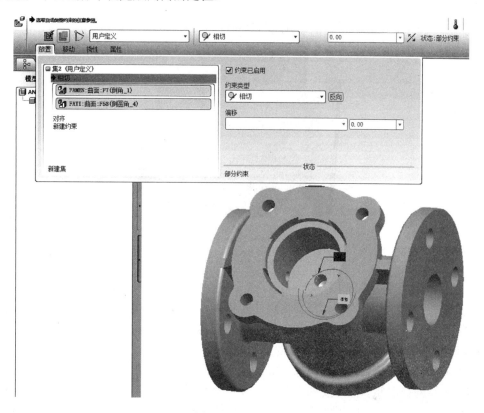

图 s3-5　定位阀门

4. 载入垫片

单击"加载零件"按钮，打开"dianpan"。分别设置垫片的平面和阀体的上表面配对，垫片的两个小孔轴线和阀体的螺纹孔轴线对齐，如图 s3-6 所示。单击鼠标中键完成垫片的定位。

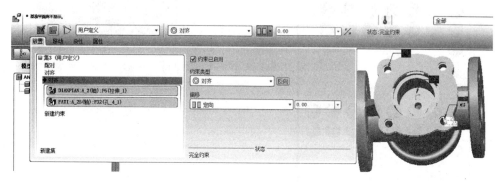

图 s3-6　设置垫片约束

5. 载入阀盖

单击"加载零件"按钮，打开"fagai"。设置阀盖的下表面和垫片的上表面对齐，两个小孔的轴线分别跟垫片的小孔轴线对齐，如图 s3-7 所示。

图 s3-7　设置阀盖约束

6．隐藏阀体、垫片和阀门

为了能顺利装配内部零件，需要将阀体和垫片等无关零件暂时隐藏，便于选择到约束对象。选中阀体，右击鼠标，在菜单中选择"隐藏"。同样将垫片和阀门隐藏。

7．设置零件外观颜色并调整零件的透明度

设置零件外观及其透明度，可以更好地观察装配效果。单击"外观库"下拉按钮，选择一种颜色，并选择需要修改外观的零件。该零件将具有选定的颜色外观。如图 s3-8 所示。单击"编辑模型外观"，弹出如图 s3-9 所示"模型外观编辑器"对话框，拖动"透明"按钮，调整模型的透明度到合适位置。

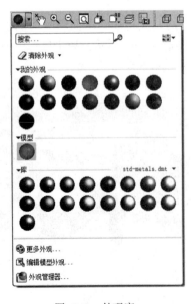

图 s3-8　外观库

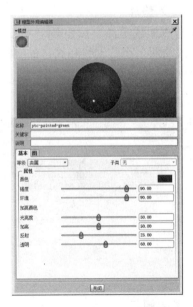

图 s3-9　修改透明度

8. 载入弹簧垫

单击"加载零件"按钮，打开"tanhuangdian"，设置弹簧垫的轴线和阀盖中轴线对齐，大的一侧的表面和阀盖的下方，内侧的表面对齐，结果如图 s3-10 所示。

图 s3-10　约束弹簧垫

9. 载入螺杆

单击"加载零件"按钮，打开"luogan"，如图 s3-11 所示，设定螺杆轴线和阀盖轴线对齐，螺杆的下侧台阶面和弹簧垫的上表面对齐。单击鼠标中键完成螺杆的载入。

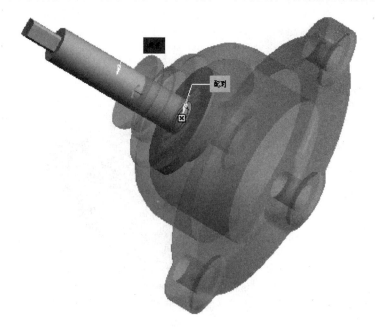

图 s3-11　设置螺杆约束

10．载入 M16 螺母

单击"加载零件"按钮，打开"luomuM16"，如图 s3-12 所示，设置螺母的轴线和螺杆轴线对齐，一侧端面和阀盖的上端面对齐，单击鼠标中键确认。

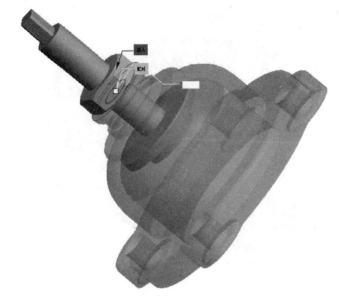

图 s3-12　设置 M16 螺母约束

11．载入套子

单击"加载零件"按钮，打开"taozi"。设置套子的轴线和螺杆轴线对齐，套子的下表面和阀盖的台阶面对齐，如图 s3-13 所示。

图 s3-13　设置套子约束

12．载入紧定螺钉

单击"加载零件"按钮 ，打开"jindingluoding"。设置螺钉的轴线和套子侧面小孔的轴线对齐，单击反向按钮，调整好装配的方向。如图 s3-14 所示，选择螺钉的左侧端面，设置约束类型为相切。

图 s3-14　设置相切约束

右击鼠标，弹出图 s3-15 所示的快捷菜单，选择"移动元件"，单击鼠标左键，将紧定螺钉向套子方向移动，此时如可以和其他零件的某一曲面相切，均会有提示，移动该螺钉，直到和阀盖的凹槽曲面相切，按左键确定，结果如图 s3-16 所示。单击鼠标中键完成紧定螺钉的装配。

图 s3-15　移动元件

图 s3-16　移动紧定螺钉以完成相切约束

13．载入弹簧

1）首先将阀门显示出来。在模型树中选中"famen"，右击鼠标，在快捷菜单中选择"取消隐藏"。再将阀盖隐藏。

2）单击"加载零件"按钮 ，打开"tanhuang"，弹出图 s3-17 所示的"确认"对话框。单击"是"按钮。进入图 s3-18 所示的"tanhuang：可变项目"对话框。选择"方法"为"距离"，弹出图 s3-19 所示的"距离"对话框。分别选择弹簧垫的下侧台阶面和阀门的内部上表面。系统自动测量出距离为 94.4998。单击"完成"按钮，系统将此值填入图 s3-18 所示的对话框中的"数值"栏。单击"确定"按钮完成弹簧的挠性设置。

图 s3-17　设置挠性

图 s3-18　设置可变项目-距离

3）设置弹簧的轴线和弹簧垫的轴线对齐，弹簧的一个上端面和弹簧垫的台阶面对齐，结果如图 s3-20 所示。

图 s3-19　测量距离

图 s3-20　装配弹簧

14．载入螺柱

1）在模型树中选中"fati"，右击鼠标，在快捷菜单中选择"取消隐藏"。

2）单击"加载零件"按钮，打开"louzhu"，设置螺柱的轴线和阀体的螺纹孔对齐，螺柱拧入端的端面和阀体的上表面平齐，如图 s3-21 所示。单击鼠标中键完成螺柱的装配。

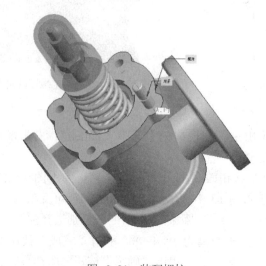

图 s3-21　装配螺柱

15．载入 M12 螺母

1）在模型树中选中垫片和阀盖，右击鼠标，在快捷菜单中选择"取消隐藏"。

2）单击"加载零件"按钮，打开"luomuM12"，设置螺母的轴线和螺柱的轴线对齐，螺母的下表面和阀盖的上侧端面对齐，按鼠标中键完成螺母的装配，结果如图 s3-22 所示。

16．阵列四组螺母和螺柱

M12 螺柱和螺母共有四组，无需重复装配，可以直接阵列得到其他三组。

1）在模型树中同时选择"luozhu"和"luomuM12"，右击鼠标，如图 s3-23 所示，选择快捷菜单中的"组"，将它们组合一起。

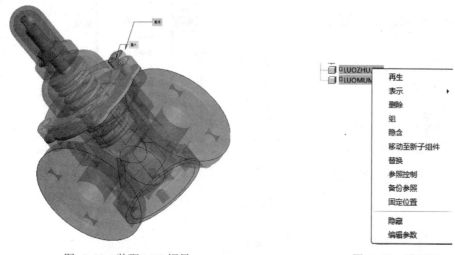

图 s3-22 装配 M12 螺母　　　　　　　　　　图 s3-23 设置组

2）选中该组，单击"阵列"按钮▦，如图 s3-24 所示，设置阵列方式为"轴"，选中阀的中心轴线，数量设置为4，角度90°。单击"完成"按钮✔，完成阵列，结果如图 s3-25 所示。

图 s3-24 设置对话框

图 s3-25 完成模型装配

17. 创建爆炸图

1）单击"视图管理器"按钮，如图 s3-26 所示，选中"分解"选项卡，单击"新建"，输入名称。

2）单击"编辑"，选择"编辑位置"，如图 s3-27 所示。参照图 s3-28，选中具体的单个零件或几个零件，按照坐标系图标提示的方向移动到合适位置。

图 s3-26　新建分解视图

图 s3-27　编辑位置

图 s3-28　移动零件位置

3）在编辑位置面板中，打开分解线选项卡，如图 s3-29 所示，单击"创建偏移线"按钮，创建偏移线。

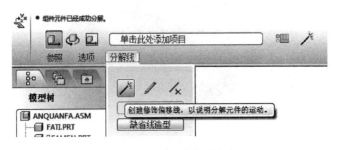

图 s3-29　创建偏移线

4）依次选择阀盖的轴线和弹簧垫的轴线。然后在产生的轴线上右击，如图 s3-30 所示，选择"添加角拐"。

5）如图 s3-31，移动拐点到合适位置。

6）如图 s3-32 所示，打开"编辑"菜单选择"保存"，在弹出的图 s3-33"保存显示元素"对话框中，单击"确定"按钮。

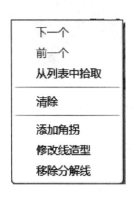

图 s3-30　添加拐点

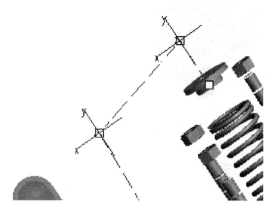

图 s3-31　移动拐点

7）关闭"视图管理器"对话框。

8）保存组件文件。

图 s3-32　保存分解视图

图 s3-33　保存显示元素

3.2　装配练习

【习题】　利用光盘附带的模型或自己完成的零件模型，完成组件的装配。

（1）手压阀（图 s3-34）。

（2）喷射器（图 s3-35）。

图 s3-34　手压阀

图 s3-35　喷射器

实训 4 工 程 图

4.1 零件工程图

【例 1】 完成零件 0702zj2.prt 支架的工程图。

1．新建文件

如图 s4-1 所示，选择"绘图"，取消"使用缺省模板"选项，单击"确定"按钮，进入图 s4-2 所示"新建绘图"对话框。通过"浏览"按钮，载入"0702zj2.prt"模型。单击"确定"进入工程图界面。

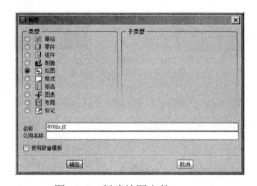

图 s4-1 新建绘图文件

图 s4-2 "新建绘图"对话框

2．插入视图

（1）插入主视图

1）单击 按钮，在合适位置单击，插入第一个视图，如图 s4-3 所示。

2）在弹出的"绘图视图"对话框中的"视图类型"选项卡中，选择模型视图名为"TOP"，如图 s4-4 所示。

图 s4-3 插入一般视图

图 s4-4 设置视图方向

3）选择"视图方向"为角度，如图 s4-5 所示，设置"旋转参照"为"法向"，角度值输入 90，单击"应用"按钮，将视图旋转为图 s4-6 所示方向。

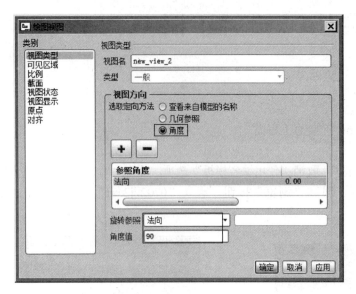

图 s4-5　旋转视图方向　　　　　　　　　　　　　　图 s4-6　旋转后视图

4）如图 s4-7 所示，选择"视图显示"选项卡，在"显示样式"中选择"消隐"，"相切边显示样式"为"无"。单击"应用"按钮，结果如图 s4-8 所示。

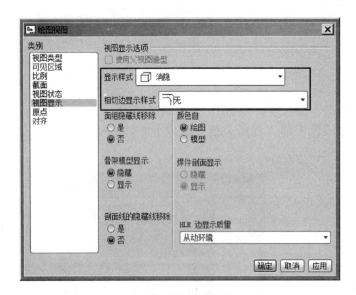

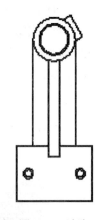

图 s4-7　设置消隐样式　　　　　　　　　　　　　　图 s4-8　消隐

5）设置主视图为局部剖视图。如图 s4-9 所示，选择"截面"选项卡，选择"2D 剖面"，单击"添加"按钮 ➕，在"名称"中选择"A"，"剖切区域"为"局部"，然后参照图

s4-9，选择一个点，并绕该点绘制一样条曲线，该曲线避免将两同心圆包含进来，最后单击鼠标中键完成样条曲线的封闭。单击对话框中的"应用"按钮，结果如图 s4-9 所示。

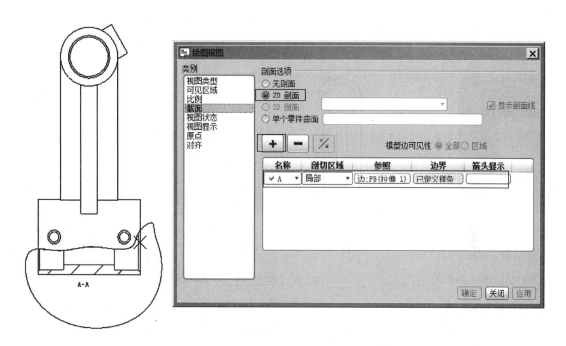

图 s4-9　设置 A 向局部剖

6）再次单击"添加"按钮 ⁺，参照上一步的操作，添加 C 向局部剖，如图 s4-10 所示。单击"关闭"按钮，完成主视图的局部剖设置。

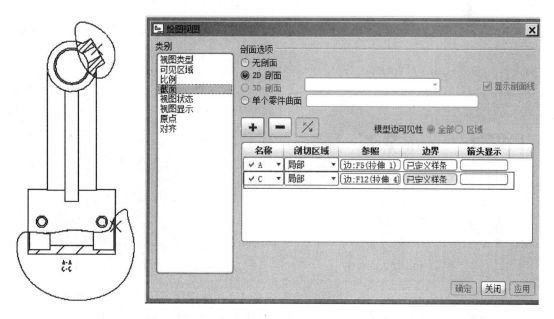

图 s4-10　添加另一个局部剖

（2）插入右视图

1）选中刚插入的主视图，右击，在快捷菜单中选择"插入投影视图"，在主视图左侧合适位置单击，插入右视图，如图 s4-11 所示。

2）设置右视图为消隐无隐藏线模式，并添加局部剖，如图 s4-12 所示。

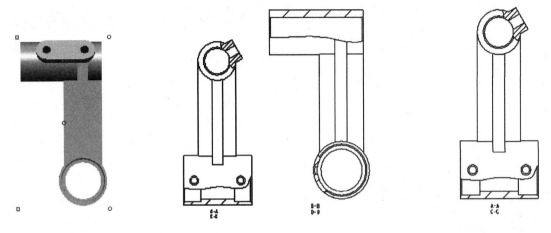

图 s4-11　插入右视图　　　　　　　　　　　图 s4-12　右视图改为局部剖

3. 添加局部向视图

1）单击 ◇辅助… ，选择如图 s4-13 所示的端面，并在合适位置单击，插入向视图，如图 s4-13 所示。

2）设置向视图为局部视图。如图 s4-14 所示，选择"可见区域"选项卡，选择"局部视图"，并单击需要显示的局部边界的点，绘制一样条曲线封闭显示范围，结果如图 s4-15 所示。

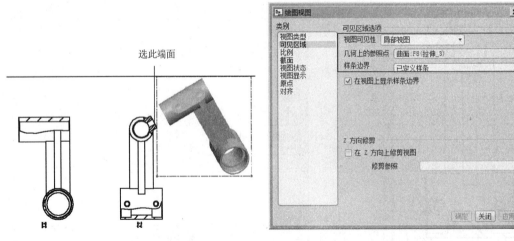

图 s4-13　插入向视图　　　　　　　　图 s4-14　设置显示单个零件曲面

3）如图 s4-16 所示，选择"视图类型"选项卡，将视图名称改为"F"，并选择"投影箭头"为"单一"。单击"关闭"按钮并适当调整箭头的长短和位置以及名称的位置。

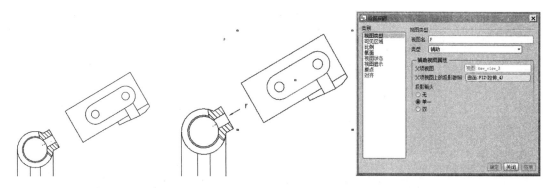

图 s4-15　端面向视图　　　　　　　　　　图 s4-16　添加投影箭头和视图名称

4．添加断面图

单击 <kbd>B□ 旋转…</kbd>，选择主视图，然后在主视图右侧合适位置单击，参照图 s4-17，选择"截面"为"E"，再在主视图上选择一垂直方向的曲面，如 TOP 平面，单击"应用"按钮，结果如图 s4-18 所示。移动该断面图到合适位置。

图 s4-17　设置旋转视图截面

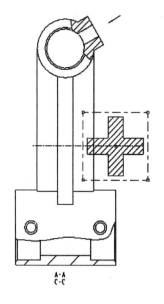

图 s4-18　添加断面图

5．添加轴线、中心线

（1）单击"注释"选项卡中的"显示模型注释"按钮，弹出图 s4-19 所示的"显示模型注释"对话框，选择显示基准卡 [图]，选择相应的视图，并勾选需要添加的轴线和中心线，单击"应用"，并适当拖动轴线的端点到合适位置，结果如图 s4-20 所示。

（2）绘制两条中心线。图中右上侧局部向视图上的两条倾斜中心线没有准确显示到合适长度，现手工绘制两条。

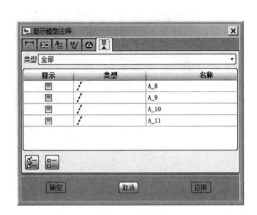
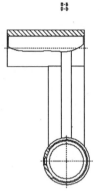
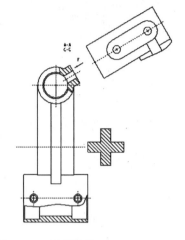

图 s4-19　选择显示轴线中心线　　　　　　　　　　图 s4-20　显示结果

1）单击 缺省线造型…，弹出图 s4-21 所示的线型菜单，选择"centerline"。

2）单击 按钮，弹出图 s4-22 所示"参照"对话框，单击选择箭头，然后将图 s4-22 中所示的四个圆弧加入到参照中，单击"关闭"按钮关闭参照对话框。

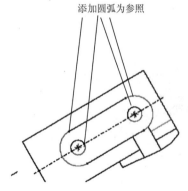

图 s4-21　选择线型　　　　　　　　　　图 s4-22　设置参照

3）通过捕捉参照的点，绘制两条直线，如图 s4-23 所示。

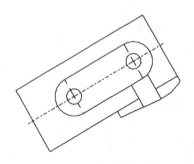

图 s4-23　绘制中心线

4）延长绘制的中心线。单击"注释"选项卡下的"修剪"面板中的"增量"按钮 ![增量] ，输入增量长度 3，单击需要延长的直线。弹出图 s4-24 的"警告"对话框，单击"确定"按钮关闭，结果如图 s4-25 所示。

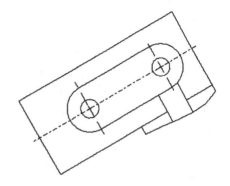

图 s4-24 "警告"对话框

图 s4-25 延长中心线

6. 修改剖面线方向和间隔

切换到"布局"选项卡，选中剖面线，双击鼠标左键，弹出图 s4-26 所示的菜单管理器。选择"角度"，改到 135。如图 s4-27 所示，再选择"间距"，单击"一半"或"加倍"，调整到合适的间距。依次将其他地方的剖面线也设置成同样的方向和间隔，结果如图 s4-28 所示。

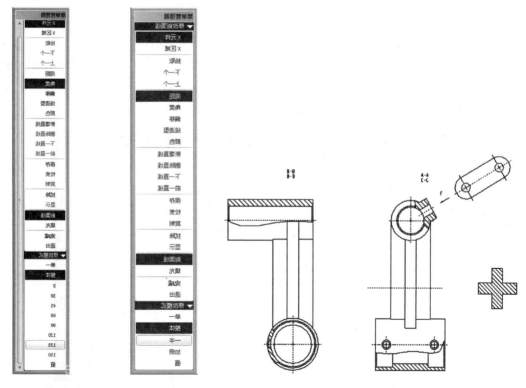

图 s4-26 设置角度 　　图 s4-27 设置间距 　　　　图 s4-28 调整后的剖面线

7. 标注尺寸

1）切换到"注释"选项卡，单击"标注尺寸"按钮 ，参照图 s4-29 标注尺寸。

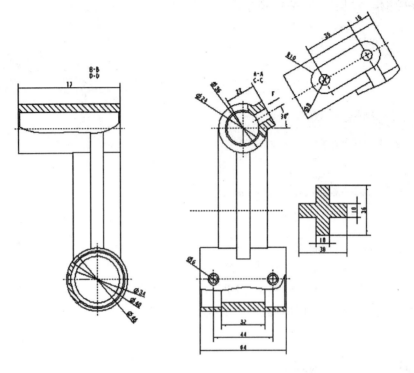

图 s4-29　标注尺寸

2）修改尺寸。选中需要修改的尺寸φ6，单击鼠标右键，选择"属性"，弹出图 s4-30 所示对话框。单击"显示"选项卡，在右侧"φ@D"前添加"2X"，单击"确定"按钮。用同样的方式修改φ8 为"2Xφ8"，结果如图 s4-31 所示。

图 s4-30　修改尺寸标注

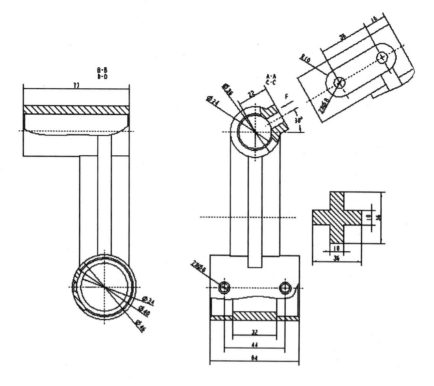

图 s4-31　修改尺寸标注结果

8．添加表面结构符号

单击 ▦，弹出图 s4-32 所示"几何公差"对话框，选择"直线度"，"参照类型"设置为轴，并选择需要标注直线度的轴，"放置类型"选择"法向引线"，弹出图 s4-33 所示的"引线类型"菜单，选择"箭头"。如图 s4-34 所示，切换到"公差值"对话框。输入公差值0.01，并在图形上单击放置位置。调整公差位置，结果如图 s4-35 所示。

图 s4-32　"几何公差"对话框　　　　　　　　　　　　　　图 s4-33　"引线类型"菜单

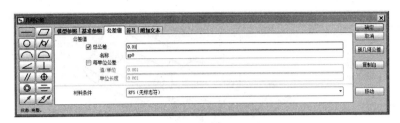

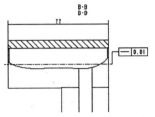

图 s4-34　设置公差值　　　　　　　　　　图 s4-35　标注直线度

9. 添加表面精度符号

单击"添加表面精度"按钮 ³²/，弹出图 s4-36 所示菜单管理器，单击"检索"，弹出图 s4-37 所示"打开"对话框，找到"ccd.sym"，单击"打开"，弹出图 s4-38 所示"实例依附"菜单，选择"法向"。选择最左侧端面，输入表面精度数值 6.3，结果如图 s4-39 所示。

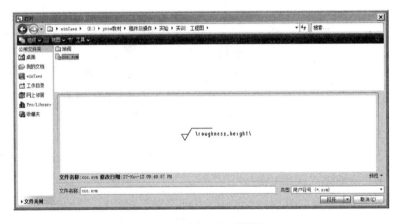

图 s4-36　得到符号菜单　　　　　　　　图 s4-37　"打开"对话框

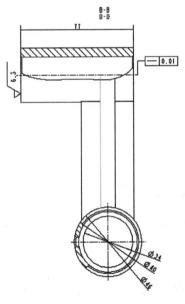

图 s4-38　"实例依附"菜单　　　　　　　图 s4-39　标注表面精度

226

采用同样的方法，标注其他的表面粗糙度，结果如图 s4-40 所示。

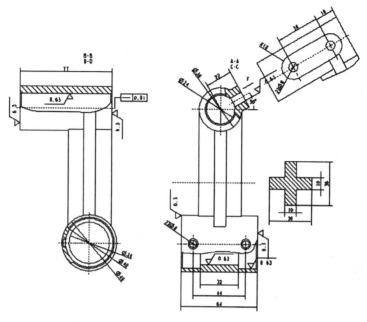

图 s4-40　表面精度标注结果

10．添加技术要求

1）单击"注释"按钮 ，弹出图 s4-41 所示注释菜单。单击"进行注释"，并在图形右下侧合适位置单击，确定注释摆放位置。输入图 s4-42 所示技术要求。

2）在注释后插入表面精度 12.5，结果如图 s4-43 所示。

图 s4-41　注释菜单

技术要求

未注倒角C1

未注表面精度

图 s4-42　技术要求

技术要求

未注倒角C1

未注表面精度　∇12.5

图 s4-43　技术要求中插入表面精度

11．添加标题栏

1）选择"表"选项卡，单击"表" 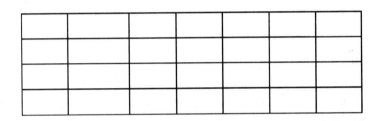按钮，弹出图 s4-44 所示的"创建表"菜单，选择"按长度"，在图形右下侧单击，然后依次输入：15、20、15、15、15、15、15，按〈Enter〉键，再输入 8、8、8、8，按两次〈Enter〉键，结果如图 s4-45 所示。

图 s4-44　创建表菜单　　　　　　　　　　图 s4-45　插入表

2）合并单元格。按住〈Ctrl〉键选中左上角单元格和第二行第三列单元格，单击"合并单元格"按钮 合并单元格…，合并单元格。同样的方法，合并右下侧两行四列单元格和右侧第二行最后两列单元格，结果如图 s4-46 所示。

图 s4-46　合并单元格

12．绘制图框

单击"草绘"选项卡中"直线"按钮，右击鼠标，如图 s4-47 所示，选择"绝对坐标"，弹出图 s4-48 所示坐标输入框。输入 25，5；单击"完成"按钮。再次单击刚才绘制的直线的终点，右击鼠标，选择"相对坐标"，输入 0，287，同样的方法，绘制完图框。

13.填写标题栏

双击单元格,弹出图 s4-49 所示的对话框,在"文本"选项卡中输入文本,切换到"文本样式"选项卡,设置文本的高度和对齐方式,如图 s4-50 所示。

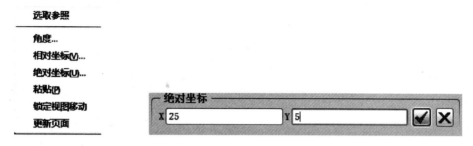

图 s4-47　坐标输入方式　　　　　　　图 s4-48　输入坐标

图 s4-49　输入文本　　　　　　　图 s4-50　修改文本样式

依次填写好标题栏,结果如图 s4-51 所示。

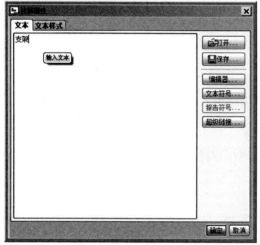

图 s4-51　标题栏

14.移动标题栏

选中标题栏表格,在角点上右击鼠标,弹出快捷菜单,如图 s4-52 所示,选择"移动特殊"。弹出图 s4-53"移动特殊"对话框,利用 和 ,并选择图框的边线移动标题栏,结果如图 s4-54 所示。

下一个
前一个
从列表中拾取
复制(C)
复制表
删除(D)   Del
文本样式
文本换行(W)
高度和宽度
旋转(R)
行显示(L)...
设置旋转原点(O)
移动到页面(H)
移动特殊...

图 s4-52   选择移动特殊菜单   图 s4-53   "移动特殊"对话框

支架	比例	1:1	材料	HT200
	数量	1	20120112	
绘图	文胜	2012	南京师范大学	
审核	马骏	2012		

图 s4-54   移动结果

15. 保存表及工程图

1）选中标题栏表格，并单击 ▣另存为表 ，在弹出的"另存绘图表"对话框中，选择保存位置，并输入名称"btl"，将标题栏保存。

2）将图 s4-55 所示图形结果保存。

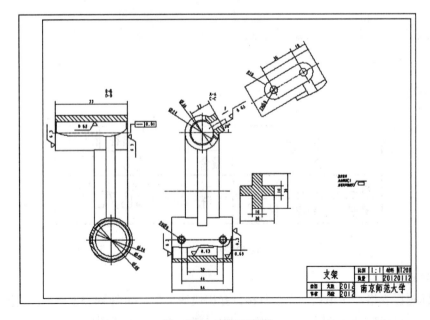

图 s4-55   支架工程图

4.2 组件工程图

【例2】 完成球阀的装配工程图。

1．新建工程图

单击"新建"按钮，参照图 s4-56 和图 s4-57 设置文件名称、模型、图纸大小等。

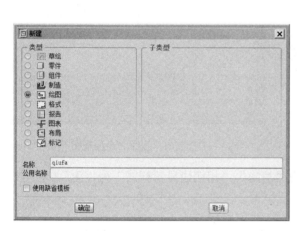

图 s4-56 新建绘图文件   图 s4-57 设置模型和图纸大小

2．插入主视图

1）单击"插入一般视图"按钮，在左上侧合适位置单击，模型轴测图自动插入到图形上。参照图 s4-58 和图 s4-59 设置"视图类型"为 TOP，选择定向方法为"角度"，选择"旋转参照"为"水平"，输入 180，单击"应用"按钮。

图 s4-58 设置视图投影方向   图 s4-59 旋转视图方向

2）参照图 s4-60，设置定制比例为 1，参照图 s4-61，设置为全剖视图。

图 s4-60　设置比例

图 s4-61　设置为全剖视图

3）参照图 s4-62，设置"显示样式"为"消隐"，"相切边显示样式"为"无"。主视图显示效果如图 s4-63 所示。

图 s4-62　设置消隐无相切边模式

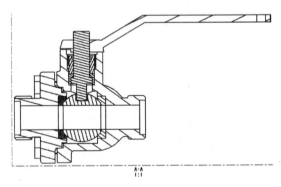

图 s4-63　插入主视图

3. 插入左视图

1）单击"插入一般视图"按钮，在主视图右侧合适位置单击，插入另一个视图。同时弹出"绘图视图"对话框。参照图 s4-64，首先选择"模型视图名"为"LEFT"。参照图 s4-65，选中"角度"，"法向"，输入"90"，单击"应用"按钮，调整视图到左视方向，结果如图 s4-66 所示。

2）如图 s4-67 所示，切换到"比例"选项卡，设置比例为 1。

图 s4-64　设置视图方向

图 s4-65　法向旋转 90°

图 s4-66　设置左视图方向

图 s4-67　设置比例 1

3）如图 s4-68 所示，切换到"截面"选项卡，设置"2D 截面"为"B"，"半剖"，选择"ASM_TOP"为对称面，在视图右侧单击，选择将右侧剖开。

4）参照图 s4-69，设置"视图显示"中"显示模式"和"相切边显示样式"为"消隐"和"无"。单击"确定"按钮，结果如图 s4-70 所示。

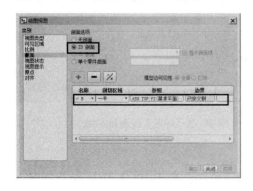

图 s4-68　设置半剖视图

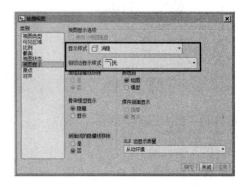

图 s4-69　设置视图显示模式

5）如图 s4-71 所示，切换到"视图状态"选项卡，选择"简化表示"为"nobashou"，排除手柄。单击"应用"按钮。结果如图 s4-72 所示。

（注：此处为了实现拆卸画法，也可以使用教程中介绍的"元件显示"、"遮蔽"功能。单击"元件显示"，弹出"成员显示"菜单管理器，选择"遮蔽"，选中文件后按鼠标中键。）

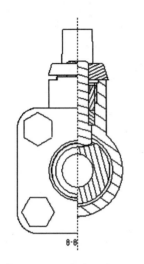

图 s4-70　半剖左视图

图 s4-71　设置简化表示

6）对齐主视图和左视图。参照图 s4-73，将左视图和主视图对齐，对齐方式为"水平"，可以分别选择左视图最下方水平直线和主视图最下方直线。

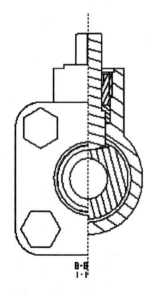

图 s4-72　拆掉手柄的左视图

图 s4-73　对齐主视图和左视图

4. 插入俯视图

1）选中主视图，右击选择"插入投影视图"，在主视图下方合适位置单击，插入俯视图。

2）参照图 s4-74 和图 s4-75，设置俯视图为局部剖视图。

3）设置视图显示模式为"消隐"，"相切边显示样式"为"无"，单击"确定"按钮，结果如图 s4-76 所示。

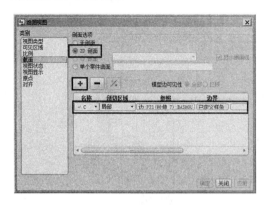

图 s4-74　局部剖设置

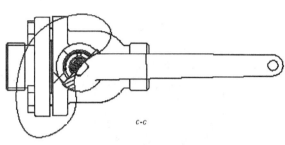

图 s4-75　设置剖切位置

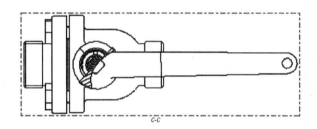

图 s4-76　局部剖俯视图

5. 修改剖面线方向和间距

选中剖面线，双击，弹出图 s4-77 所示的菜单，利用角度、间距、拭除、排除等选项，将三个视图的剖面线设置为图 s4-78 所示。

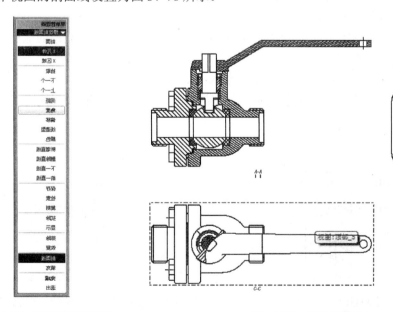

图 s4-77　设置剖面线属性

图 s4-78　修改后结果

6．添加中心线和轴线

单击"显示模型注释"按钮![显示模型注释]，通过"显示模型注释"对话框，将需要添加的中心线和轴线显示出来，并适当调整其端点位置，结果如图 s4-79 所示。

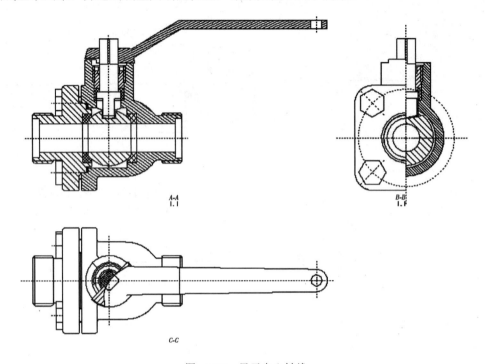

图 s4-79　显示中心轴线

7．补画表示平面的细实线

在主视图和左视图中阀杆上方是平面，需要添加对角线的两条细实线表示平面。直接直线绘制即可。

1）单击"直线"按钮![直线]，添加经过图 s4-80 和图 s4-81 中所示交叉直线的端点的直线和曲线为参照，绘制 8 条交叉直线。

2）单击![按钮]，在图 s4-81 中将左侧较长的一条水平线勾出，供修剪用。

3）单击"修剪"面板中![边界]按钮，以刚勾出的直线为界，将左侧的交叉两直线修剪到图 s4-81 所示大小。

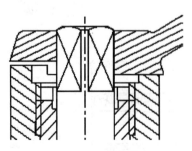

图 s4-80　绘制主视图中交叉直线

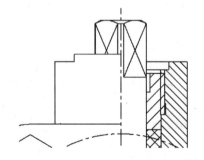

图 s4-81　绘制并修剪左视图中交叉直线

4）选中刚勾出的水平线，按〈Delete〉键删除。

5）设置绘制的图形分别和对应的视图相关。选中刚绘制的几条直线后右击鼠标，选中"与视图相关"，并选择对应的视图。

8．标注尺寸

参照图 s4-82，标注尺寸，并通过"属性"对话框，修改标注的文本。适当调整尺寸位置，删除原有的 A-A、B-B 名称，移动 C-C 到俯视图上方，在主视图上添加 C-C 剖切位置和箭头。

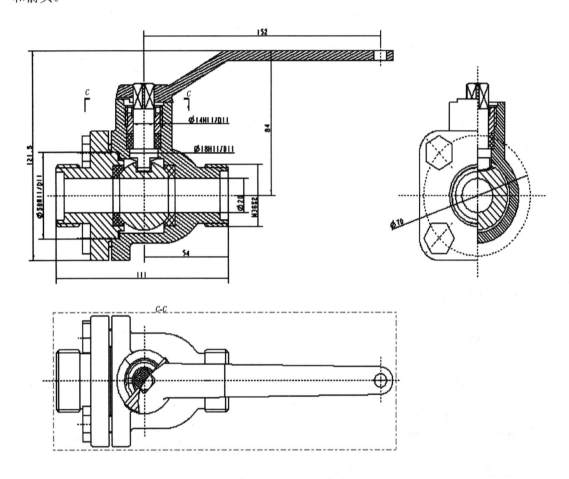

图 s4-82　标注尺寸

9．绘制图框

通过直线命令，采用绝对坐标和相对坐标方式，绘制图框。具体参考上一节零件工程图中的操作步骤。

10．插入标题栏

1）单击"表"选项卡中的 表来自文件... ，找到前面示例中保存的表格"btl"，打开，在图中插入表格，如图 s4-83 所示。

2）按照图 s4-84 修改其中的内容。

3）通过选中整个表格，右击"移动特殊"将表格移动到图框右下角。

图 s4-83　插入标题栏

图 s4-84　调整标题栏

11．绘制明细栏

通过插入表格的方法，在标题栏上方插入明细栏。宽度分别是 10、40、10、20、30、行高为 8。再通过"移动特殊"的方法，对齐表格和标题栏，如图 s4-85 所示。

图 s4-85　插入明细栏表格

12．插入零件序号

单击"插入注解"按钮，弹出图 s4-86 所示的菜单，选择"带引线"，其他默认，并选择"进行注解"，并在弹出的菜单中选择"图元上"→"实心点"，参照图 s4-87，进行球标序号的添加。

注：如要使用水平横线模式，选择"ISO 引线"。

图 s4-86　注解格式设置

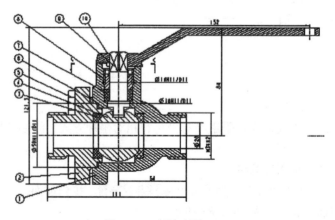

图 s4-87　标注序号

13．填写明细栏

请按照图 s4-88 所示，填写明细栏。

10	手柄	1	ZG150	
9	阀杆	1	40Cr	
8	压紧套	1	35	
7	填料	1	聚四氟乙烯	
6	调整垫	1	聚四氟乙烯	
5	螺栓	4	35	GB/T897
4	阀芯	1	40Cr	
3	密封圈	2	聚四氟乙烯	
2	阀盖	1	ZG150	
1	阀体	1	ZG150	
序号	名称	数量	材料	备注

图 s4-88　明细栏

14．插入注释

单击"插入注释"按钮，在图纸的中部下方空白处，输入技术要求等，结果如图 s4-89 所示。

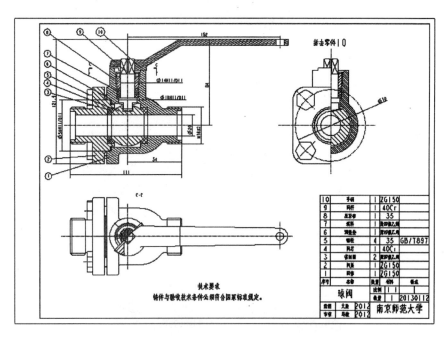

图 s4-89　完成的装配工程图

15．保存文件。

4.3　工程图练习

【习题 1】利用光盘附模型完成以下零件的工程图。

（1）支架一

（2）左泵体

（3）壳体

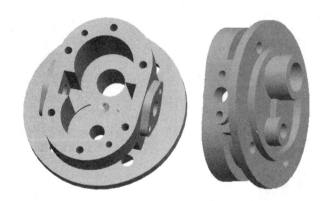

（4）箱体

【习题 2】完成 3.2 中完成的装配体工程图。